MONOGRAPHIE DU CAMEMBERT

MONOGRAPHIE ET FABRICATION

du Fromage de

CAMEMBERT

PAR

Marcel MONTÉRAN

INGÉNIEUR AGRICOLE (GRIGNON)

Prix : 1 fr. 50

1908

LIBRAIRIE AUDOT
VEUVE LEBROC ET Cᵉ, SUCCESSEURS
62, rue des Écoles, 62
PARIS (Vᵉ)

LIBRAIRIE AGRICOLE
DE LA MAISON RUSTIQUE
26, rue Jacob, 26
PARIS (VIᵉ)

MONOGRAPHIE DU CAMEMBERT

Nous pouvons prendre ce fromage comme type des fromages affinés à pâte molle; c'est un de ceux qui a été le mieux étudié parce qu'il compte parmi les plus délicats et les plus recherchés. Sa pâte est onctueuse et douce, son goût rappelle celui de la laiterie quand la maturation n'est pas trop poussée, mais ces précieuses qualités ne s'acquièrent qu'au prix de soins attentifs et minutieux. La fabrication ne réussit qu'à la condition d'opérer en industrie, avec les précautions de propreté, d'asepsie, que l'on n'apporte d'ordinaire que dans les laboratoires de bactériologie : les fromagers doivent faire des cultures pures, hors desquelles les produits sont défectueux et les déchets en grand nombre.

Il s'agit donc, dans cette fabrication, de triompher de difficultés sérieuses qu'il importe de bien connaître dans tous les détails.

Il s'agit, si l'on veut gagner de l'argent, de se faire une marque qui devient connue, en ne livrant que des produits absolument bons et en tous points irréprochables. C'est la science seule qui permet d'atteindre cet heureux résultat, et nous allons montrer quels immenses et intelligents progrès ont été réalisés depuis la dernière édition du livre de M. Pouriau.

Nous trouverons les principaux renseignements sur cette étude dans le cours fait par M. R. Lezé à l'École d'agriculture de Grignon ; nous y puiserons largement, tout en indiquant, à chaque occasion, les noms des savants, chimistes ou bactériologistes, cités par notre professeur.

Pour apporter toute méthode désirable dans notre étude, nous allons tout d'abord décrire, d'après Pouriau, une fabrication pratique usuelle et ancienne du camembert, pour que l'on sache comment on fait. Puis nous reprendrons l'étude chimique et bactériologique de chaque manipulation, ce sera le seconde partie. Nous arriverons donc en fin de compte à savoir comment il faudrait faire pour atteindre la perfection dans la fabrication, et c'est cette fabrication idéale, mais réalisable, que nous décrirons avec détails dans notre troisième partie.

PREMIÈRE PARTIE

I. — FROMAGE DE CAMEMBERT

Fabrication pratique usuelle.

Ce fromage a été fabriqué pour la première fois par Marié Fontaine, femme Harel, qui exploitait en 1791, avec son mari, une ferme située dans la commune de Camembert, près Vimoutiers (Orne) (1). En 1813, sa fille aînée se maria au sieur Paynel, demeurant à Champosoult, et continua l'industrie de sa mère.

C'est Mme Morice, de Lessart, filleule de E. Paynel père, qui a établi dans le Calvados la première fabrique de fromages de Camembert.

Fabrication du fromage de Camembert.

Nous allons décrire cette fabrication telle que M. Pouriau l'a pratiquée en 1872, chez M. Quique-

(1) *Industrie fromagère dans le Calvados,* par J. MORIÈRE.

melle, fabricant à Chaumont, près Gacé (Orne), et qui a obtenu de hautes récompenses dans nos concours pour l'excellence de ses produits.

Chez M. Quiquemelle, les murs et le plafond de la fromagerie proprement dite sont enduits de ciment de Portland sur toute leur surface; les tables à dresser les fromages sont construites en briques posées à plat et enduites, en dessus et en dessous, d'une couche épaisse du même ciment. Des barres de fer noyées dans la maçonnerie supportent les briques et permettent de supprimer les piliers des égouttoirs.

Mise en présure du lait. — Le lait apporté dans la fromagerie est coulé, à travers un tamis, dans de grands pots en grès de Noron de 70 litres de capacité, et mis en présure à une température qui, en moyenne, s'écarte peu de 26°. En été, il suffit de laisser refroidir la traite jusqu'à cette température avant de mettre en présure; en toute autre saison, on chauffe au bain-marie une portion de la traite du matin, et on l'ajoute à la traite de la veille, de façon que finalement le mélange des deux traites, introduit dans les grands pots, possède la température convenable pour la mise en présure. Ces grands pots sont placés sur de petits escabeaux en bois qui les élèvent à la hauteur même de l'égouttoir où se trouvent les moules destinés à être remplis de caillé.

Quant à la dose de présure qu'il convient d'ajouter dans chaque pot contenant 70 litres de lait, elle ne peut être indiquée d'une façon absolue, parce qu'elle dépend de diverses circonstances, telles que la force de la présure, la saison, la qualité du lait, etc. Nous dirons cependant que cette dose de présure, forte ou faible, doit être calculée de telle façon qu'il faille, en moyenne, de deux à cinq heures pour obtenir la coagulation complète des 70 litres de lait amenés préalablement à la température de 26 à 28°. Il convient d'augmenter un peu la dose au printemps et en automne, et un peu plus encore en hiver.

Une fois la présure ajoutée et bien répartie dans chaque vase, on pose sur l'orifice une planche carrée de bois qui sert de couvercle, et l'on abandonne le liquide au repos.

Mise en moules. — Pendant que la coagulation du lait s'effectue, la fromagère dispose sur les égouttoirs des nattes en jonc sur lesquelles elle range les moules cylindriques en fer-blanc destinés à être remplis de caillé.

Les moules ont 0^m,12 de diamètre et une hauteur égale; tantôt leur surface est lisse, tantôt percée de petits trous à diverses hauteurs. Chez M. Quiquemelle, les moules ont seulement deux rangées de trous assez fins et situées au milieu du cylindre, des trous plus gros et plus nombreux étant nuisibles, parce que le caillé y pénètre pendant l'égouttage et s'y attache, ce qui empêche d'abord l'affaissement régulier du caillé et rend ensuite plus difficile le retournement des fromages dans le moule.

Le remplissage des moules a lieu en versant dans le moule le caillé puisé avec une cuiller et coulé sans être retourné; en automne et en hiver, la quantité de caillé nécessaire pour remplir chaque moule est suffisante pour produire un fromage; en été, la pâte s'affaisse davantage, la quantité de petit-lait qui s'écoule est plus considérable, et il est nécessaire d'ajouter dans chaque moule, quelques heures après le premier emplissage, une certaine quantité de caillé fourni par une autre traite.

Retournement et salaison. — Les fromages sont retournés, salés successivement sur les deux faces et le pourtour, puis posés, au fur et à mesure de leur salaison complète, sur des tablettes de bois situées immédiatement au-dessus des égouttoirs.

Suivant l'importance de la fabrication, le temps dont on dispose, les fromages blancs et salés restent sur les tablettes un ou deux jours; puis on les transporte au *séchoir* ou *haloir*. Ce transport peut s'effectuer à l'aide de seilles rectangulaires en bois blanc et à anses appelées *portoirs;* mais à Chaumont et dans beaucoup d'autres fromageries, on se contente de placer les fromages sur une longue planche de bois que l'aide charge ensuite sur une épaule.

Mise au séchoir ou haloir. — Dans la plupart des séchoirs de l'Orne et du Calvados, les fromages sont étendus sur des râteliers recouverts de paille de seigle; cependant quelques producteurs, à l'exemple de M. Paynel, substituent à la paille des claies en bois d'ypréau, sur lesquelles les fromages ne peuvent contracter aucun mauvais goût.

M. Quiquemelle préfère les râteliers couverts de paille, sur laquelle les fromages blancs et encore *mous* sont moins sujets à se déformer que sur les claies en bois. En outre, ces râteliers sont mobiles dans les conlisses, ce qui permet de les tirer à soi quand il s'agit de retourner les fromages.

A Chaumont, le haloir porte sur toutes ses faces de grandes ouvertures garnies de toiles métalliques, à mailles suffisamment serrées pour empêcher les oiseaux ou les rongeurs de s'introduire dans le local. Ces ouvertures peuvent être fermées hermétiquement, à l'intérieur, avec des volets rendus extrêmement mobiles à l'aide de galets qui roulent sur un rail. Une poignée sert à faire mouvoir le volet. Chez M. Cyrille Paynel, fermier au Mesnil-Mauger (Calvados), les ouvertures munies de volets intérieurs sont placées à diverses hauteurs.

Dans la fromagerie installée en 1876 à Hottot-en-Auge, chez M. Hébert-Desroquettes, le séchoir a 13 mètres de longueur sur 5^m,60 de largeur. Sur les deux côtés longs de ce bâtiment règnent, en haut et en bas, deux rangées d'ouvertures égales rectangulaires de 0^m,40 de hauteur sur 0^m,25 de largeur. Ces ouvertures, au nombre de dix-huit pour chaque rangée, sont garnies d'une toile métallique à très petites mailles et recouverte d'un volet à charnière, garni à son centre d'un carreau circulaire de $0^m,08$ de diamètre. En ouvrant plus ou moins les volets de l'une ou l'autre rangée, on varie l'intensité des courants d'air et la rapidité de l'assèchement des fromages.

Enfin, nous ajouterons que l'on doit éviter soigneusement que les rayons solaires ne viennent pénétrer dans le séchoir et frapper directement les fromages.

Une fois transportés au haloir, les fromages sont retournés tous les jours, puis tous les deux jours seulement; dès le troisième jour, ils commencent à se parsemer d'une foule de points bruns, et au bout de huit à dix jours, ils se recouvrent d'une belle végétation cryptogamique blanche laissant çà et là des parties intactes. De blancs, ces fromages deviennent légèrement bleus, puis d'un jaune qui tire de plus en plus sur le rouge.

La durée du séjour des fromages dans le haloir varie surtout avec la saison et les circonstances atmosphériques; elle est, en moyenne, de vingt à vingt-cinq jours, pendant lesquels on renouvelle fréquemment l'air dans diverses directions.

Par les temps humides ou de brouillards, si l'on veut éviter que les fromages, au lieu de se ressuyer, restent mous et prennent une mauvaise moisissure, il faut dessécher artificiellement l'atmosphère ambiante en mettant, sur le sol, de la paille, de la sciure de bois ou des terrines contenant de la chaux vive.

Un certain nombre d'exploitations où l'on se livre à la fabrication des fromages de Camembert possèdent un local intermédaire où l'on fait séjourner les fromages avant de les transporter à la cave de perfection, et que l'on nomme *cave halante* ou *demi-haloir*.

L'usage de ce demi-haloir n'est indispensable qu'aux époques de l'année où la fabrication devient très considérable. En effet, les fromages blancs transportés au haloir ont besoin, surtout dans les premiers jours, d'une ventilation très énergique qui pourrait être nuisible aux fromages déjà plus avancés, en arrêtant leur fermentation. Dans ces circonstances, il est nécessaire de transporter les fromages qui ont quinze à vingt jours de haloir dans un local intermédiaire demi-haloir, où la ventilation peut être conduite avec ménagement pendant les derniers jours qui les séparent du moment où ils seront bons à être transportés dans la cave de perfection.

Dans quelques fromageries, comme chez M. Roussel, à Boissey (Calvados), au lieu d'une seule et grande pièce comme *haloir*, on préfère en avoir plusieurs petites, dans lesquelles il est plus facile de gouverner la dessiccation des fromages, suivant leur âge.

Pendant leur séjour au demi-haloir, la couleur jaune des fromages se fonce davantage; matin et soir, on les retourne, si cela est nécessaire, mais chaque fois on a soin d'exercer à leur surface une légère pression avec les doigts, afin de juger de leur degré de fermeté, et quand ils ont acquis une mollesse convenable que la pratique seule peut indiquer, quand ils ne collent plus aux doigts, on les place sur les planches et on les transporte à la cave de perfection.

CAVE DE PERFECTION OU D'AFFINAGE

Dans ces caves, les fromages, disposés par rang d'âge sur des tablettes pleines, séjournent de vingt à trente jours, pendant lesquels ils sont l'objet des soins les plus minutieux, parce que c'est dans ce local que, pendant l'été surtout, a lieu l'éclosion des œufs qui donnent naissance à des vers.

La fromagère retourne les fromages tous les jours ou tous les deux jours, en suivant avec soin les nouvelles phases de la fermentation, qui se traduisent par l'affaissement des moisissures primitives, la coloration de plus en plus intense de la surface, le ramollissement de la pâte.

Si elle aperçoit des parties envahies par les vers, elle les gratte immédiatement, lave la blessure avec de l'eau salée et égalise ensuite la surface avec un couteau.

En outre, quand pendant les grandes chaleurs les fromages se ramollissent trop vite, on est quelquefois obligé de les remonter dans le demi-haloir.

Dans les fromageries où l'on fabrique toute l'année, le degré d'affinage auquel on pousse les fromages dans la cave de perfection varie avec la saison.

Jusqu'au 15 octobre, les fromages qui sortent des fromageries conservent toujours une certaine fermeté; ils ne possèdent pas encore toutes les qualités qui font rechercher ce délicieux produit; aussi se vendent-ils moins cher qu'en automne et en hiver. Cet affinage incomplet est nécessité par l'élévation de la température de l'été; si, en effet, on voulait pousser plus loin l'affinage, on favoriserait, d'une part, l'apparition des vers, et, de l'autre, une fois expédiés en *paillots*, les fromages ne tarderaient pas, sous l'influence de la température encore élevée, à s'échauffer et à *couler*, ce qui serait une cause de perte pour le producteur. A partir du 15 octobre, ces inconvénients disparaissent, et l'on commence alors à trouver chez les détaillants des fromages parfaits.

Une fois les fromages *faits*, on les réunit par six ou par *paillots;* on les enveloppe de papier, et on les emballe dans des paniers en osier blanc ou dans des caisses en bois blanc et à claire-voie.

En outre, on a la précaution de séparer chaque fromage du suivant par un petit carré de papier, afin d'empêcher qu'ils ne se collent les uns aux autres pendant le transport.

Le prix des fromages varie avec la saison; pendant l'été, il descend souvent à 5 francs la douzaine, pour remonter à 7 et 8 francs pendant l'automne et l'hiver (1).

Il faut, en moyenne, deux litres de lait pour faire un fromage du poids moyen de 300 grammes lorsqu'il est livré à la vente.

Au détail, les bons camemberts se vendent, dans les maisons de premier ordre à Paris, 0 fr. 90 à 1 franc la pièce.

Il résulte des renseignements qui précèdent que, chez M. Quiquemelle, les fromages sont faits avec du lait pur et non écrémé; ce fabricant dit qu'il trouve avantage à s'abstenir de tout écrémage, ses produits étant de qualité supérieure, et par suite plus recherchés par les marchands en gros.

Dans d'autres laiteries, on laisse reposer le lait pendant deux ou trois heures, et avant de le mettre en présure on enlève à sa surface une pellicule de crème, *sève* du lait, qui sert à faire un beurre remarquable par sa finesse, et dont le poids ne dépasse pas 1 kilogramme pour 240 à 250 litres de lait *essévé*.

Malheureusement, un trop grand nombre de fabricants, sous prétexte que l'*essévage* du lait est nécessaire pour que la pâte du fromage conserve une consistance convenable, exagèrent aujourd'hui l'écrémage et livrent au commerce des fromages maigres, durs et très défectueux.

La fabrication dure de trente à quarante-cinq jours depuis l'arrivée du lait jusqu'à la sortie des fromages.

Elle ne peut guère se faire que pendant les mois froids de l'année; on l'interrompt pendant les mois de mai, juin, juillet et août; elle devient, en effet, trop difficile dans le temps chaud si l'on ne dispose pas de

---

(1) Le 2 mars 1895, les camemberts se sont vendus aux Halles de Paris : ceux de la première qualité, 60 à 85 francs le cent, ou 7 à 10 francs la douzaine, et ceux ordinaires, 25 à 40 francs le cent, ou 3 à 4 fr. 80 la douzaine.

machine à glace; les transports, en été, se font aussi dans de très mauvaises conditions.

DEUXIÈME PARTIE

ÉTUDE SCIENTIFIQUE DE LA FABRICATION

Le premier fait qui frappe dans cette fabrication est l'apparition de moisissures ou de champignons sur le fromage en voie de maturation. Les praticiens sont unanimes à proclamer l'importance de ces mucédinées : pas de champignons, pas de bons camemberts, disent-ils. Cette remarque est exacte : si les champignons ne se sont pas développés sur certains fromages insuffisamment salés ou manquant de quelques autres principes probablement indispensables, la qualité générale reste médiocre ou est même franchement mauvaise.

La végétation se produit lors du passage dans le haloir; elle s'annonce souvent par l'apparition sur la pâte blanchâtre de petits points colorés d'abord, puis ensuite par le développement abondant d'un mycelium et de fructifications blanches ou colorées. Mais on sait bien vite dans la pratique, que, selon la couleur de la végétation, les fromages sont de goût plus ou moins délicat et que la végétation blanche est certainement la meilleure. On remarque aussi sans peine, par l'habitude, que ces bonnes végétations blanches ne se développent bien que sur des pâtes un peu acides et enfin que, malgré toutes les circonstances favorables en apparence, il y a encore de bons camemberts à goût fin et délicat, à parfum doux de beurre bien frais, tandis que l'arome et le goût manquent ou sont incomplètement développés dans d'autres échantillons.

Nous arrivons donc à penser que toutes les qualités sont dues en principe à l'action ou aux réactions d'êtres vivants, soit à des moisissures, soit aux organismes qui ont déterminé l'acidité.

La marche à suivre dans cette étude est dès maintenant très logiquement indiquée :

Il faut faire une analyse bactériologique de un ou mieux de plusieurs bons échantillons de camembert, isoler les différents organismes existants et en faire des cultures.

Puis reprendre un à un chacun des organismes trouvés et essayer son action sur du lait ou sur du caillé; essayer ensuite l'action simultanée de plusieurs de ces organismes en faisant varier un seul des facteurs dont l'action se décidera par cette expérience.

Ce sont donc là des recherches de bien longue haleine : elles présentent un intérêt si direct qu'elles ont tenté plusieurs savants, mais elles sont aussi si difficiles et si délicates que l'on n'est parvenu au but que petit à petit, chacun apportant sa pierre à l'édifice laborieusement construit. Il faut dire aussi que parmi les chercheurs, plusieurs se sont trouvés qui, guidés par un intérêt personnel, ont désiré faire argent de leurs découvertes dont ils n'ont pas divulgué tous les détails. On ne saurait tout à fait les blâmer de cette façon d'agir, puisque le travail a droit à une légitime récompense, mais on conçoit qu'il devienne difficile de connaître la vérité entière parfois dissimulée sous des restrictions.

C'est en Amérique, aux États-Unis, que nous trouverons les travaux les meilleurs et les plus complets. Les Américains se sont attachés à connaître et à faire connaître à leurs nationaux les règles d'une fabrication parfaite, en partant de cette conviction que si ces règles sont bien observées, on fera partout du bon camembert, du camembert aussi délicat peut-être que celui qui est préparé en Normandie. Peut-être cette conclusion est-elle un peu trop rigoureuse, elle ne nous paraît pas tout à fait exacte *a priori,* car la qualité du lait et des pâturages doit bien entrer pour quelque chose dans la délicatesse du goût et du parfum; il n'est pas vrai de dire que l'on parviendrait partout à fabriquer du beurre d'Isigny, et les crus de vins renommés sont là pour attester que le terroir a une influence énorme sur la qualité, quelles que soient, d'autre part, la pureté et la régularité de la fermentation.

Cependant, n'insistons pas maintenant sur cette question et disons que, si les règles sont bien observées, on est en droit d'espérer faire du bon, et que les bonnes qualités différeront seulement quelque peu par la finesse plus ou moins accentuée de la matière première.

Analyse bactériologique d'un bon fromage. — Pour faire cette analyse, il faut se rappeler que nous nous préoccupons des espèces d'êtres vivants ayant une action sur le caillé; il ne faut donc pas examiner un fromage mûr, au moment où il doit être livré à la consommation, mais bien plutôt un produit en voie de fabrication. Nous choisirons donc un ou plusieurs échantillons dans le haloir; nous prendrons parmi les plus beaux, les plus réguliers, les pièces qui présenteront le parfum normal recherché le plus délicat; puis, suivant les méthodes nouvelles, on délayera une parcelle de chacun des échantillons dans de l'eau stérilisée, et quelques gouttelettes de cette eau serviront à ensemencer des tubes à gélatine, ou de la gélatine en couche mince dans des bouteilles plates ou dans des boîtes de Petri.

Après quelques jours d'incubation à l'étuve, on examinera les colonies formées.

Les espèces trouvées sont assez nombreuses, souvent variables d'un échantillon à l'autre, mais on remarque cependant que certains organismes se retrouvent toujours dans tous les bons fromages, et ce sont ceux-ci qui doivent retenir l'attention, car on doit penser que ceux qui ne sont qu'accidentels ne sont pas indispensables, quoiqu'ils puissent cependant être utiles. Ceux que l'on rencontre immanquablement dans les bonnes pièces sont :

    Un *penicillum blanc* \
      Oïdium lactis   parmi les mucédinées.

puis, parmi les bactéries

des *bacilles lactiques* \
et enfin des *saccharomycès*.

Il existe bien aussi des organismes, des bactéries liquéfiant la gélatine ; elles ont été signalées par Duclaux, qui leur attribuait une grande importance dans la solubilisation de la caséine, mais cette opinion de l'illustre savant n'a pas été tout à fait confirmée exacte par les recherches modernes. Il est incontestable que les tyrothrices de Duclaux peuvent et doivent jouer un certain rôle dans la maturation, mais leur présence ne parait pas indispensable, et nous ne parlerons qu'en dernier lieu et en seconde ligne de ces organismes à fonctions un peu effacées.

L'organisme dont l'action semble prépondérante est bien un *penicillum* blanc, indispensable dans la fabrication. Dans l'analyse bactériologique, on trouve souvent plusieurs variétés de *penicillum*. Le *penicillum glaucum* est très fréquent, trop fréquent même, car il ne parait pas utile, tout au contraire, dans le cas présent. C'est une espèce voisine du *penicillum glaucum* que l'on cultive dans le roquefort et, en général, dans les fromages persillés; mais dans le camembert tous les *penicillum* colorés sont mauvais; les colorations bleues, vertes ou noirâtres des surfaces sont l'indice d'une mauvaise fabrication. Existe-t-il plusieurs *penicillum* blancs? Il est permis d'en douter. M. Ch.

Thom, le savant mycologiste américain, auquel nous devons de très belles études sur le sujet, a trouvé toujours le même *penicillum* blanc sur de nombreux échantillons de camemberts américains ou de camemberts français.

A ce *penicillum* que l'on croyait multiple, on a donné différents noms : *penicillum album, penicillum candidum*. M. Ch. Thom propose de l'appeler *penicillum camemberti :* c'est ce nom que nous adopterons.

Le *penicillum camemberti* est très facile à isoler, assez facile à cultiver et à reproduire en quantités assez grandes. La culture se fait assez bien en grand sur ces petits gâteaux durs et secs que l'on prend quelquefois avec le thé. Il faut choisir seulement des gâteaux assez compacts pour ne pas trop se délayer dans l'eau; le biscuit de mer fabriqué pour l'armée réussit très bien. On emplit avec ces fragments de gâteaux des bouteilles à larges goulots et on stérilise le tout pendant une heure au moins à 140° ou 160°; il est mieux encore, ainsi que le conseille M. Ch. Thom, de stériliser à deux reprises, deux jours de suite.

Les goulots des bouteilles sont préservés de la contamination par l'air au moyen d'un tampon d'ouate stérilisée. On fait alors des cultures pures du *penicillum camemberti* dans de la gélatine délayée ensuite dans de l'eau stérilisée, puis on arrose avec ce bouillon de culture les fragments de gâteaux que l'on a stérilisés, comme il est dit ci-dessus. Il est assez commode dans la circonstance de répartir ce bouillon au moyen d'un pulvérisateur; on arrive plus facilement par ce procédé à mieux ensemencer toutes les surfaces. M. le Dr Thom signale d'autres milieux solides se prêtant à cet ensemencement : c'est, par exemple, le foin ou des morceaux de carton préalablement trempés dans du lait ou du wei. Mais adoptons le biscuit de mer; les cultures s'y développent parfaitement, et on peut alors admettre que l'on se procurera ce *penicillum camemberti* aussi facilement et abondamment que l'on voudra. Nous devons cependant faire remarquer que les cultures ont besoin d'être souvent renouvelées, car

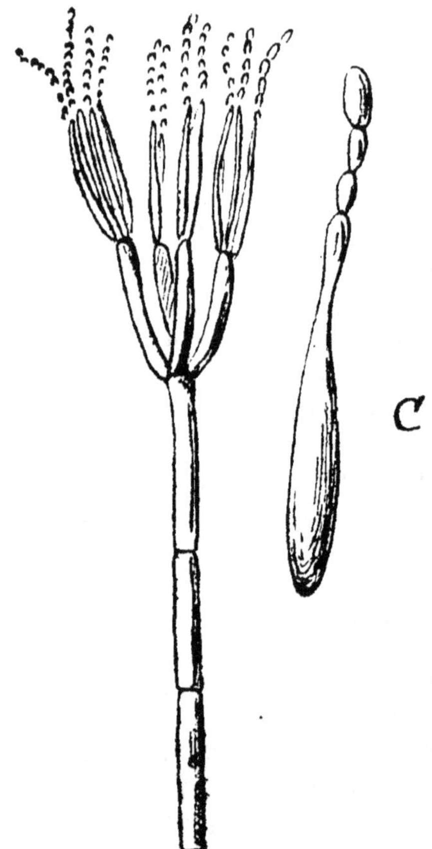

Pénicillum camemberti. — C : Conidies.
(Grossissement : 500 D).

les conidies de ce *penicillum camemberti* perdent très vite à la dessiccation leur faculté germinative. Ce fait est à retenir dans la pratique : les caillés trop secs, trop ventilés, conservés dans des chambres trop chaudes, prennent mal le *penicillum camemberti*.

Propriétés et rôle du penicillum camemberti. — Ce *penicillum* est blanc, mais cependant il présente quelquefois de légères teintes grises ou verdâtres; les conidies adultes sont sphériques, diamètre 4 à 5 μ, d'un léger vert bleuâtre.

Le *penicillum camemberti* se développe sur la gélatine sucrée qu'il liquéfie, encore mieux sur le lait et tout à fait bien sur des caillés humides.

Les fructifications ne se montrent qu'en surface, et le *mycelium* pénètre du reste à peine dans les milieux.

C'est un agent de transformation énergique et curieux en ses résultats.

Cultivé sur du caillé, il acidifie d'abord le milieu; on peut s'en convaincre en le cultivant sur du caillé à peu près neutre coloré par du tournesol. Le tournesol rougit tout d'abord, mais l'acidité disparaît bien vite, et le milieu devient alcalin, car le tournesol bleuit; cependant, on ne perçoit pas d'odeur nettement ammoniacale.

Le composé alcalin, encore inconnu, qui prend naissance, résulte de la diffusion d'une diastase dans la masse, car le *mycelium* ne pénètre que de quelques millimètres, tandis que tout le caillé est attaqué dans l'espace de quelques jours; le tournesol bleuit et reste bleu par la suite. La phénolphtaléine donne une coloration rouge.

Le mécanisme de l'acidification diffère donc de celui de l'alcalinisation; l'acidification toute passagère ne se montre guère que dans le voisinage immédiat du *mycelium;* l'alcalinisation s'étend dans toute la masse.

L'*oïdium lactis*, que nous allons étudier tout à l'heure, produit aussi cette alcalinisation, mais à un degré moindre, puis le rôle de cet *oïdium* est plus effacé. On peut donc admettre avec assez de rigueur, pour des conclusions pratiques, que c'est le *penicillum*

camemberti seul qui détermine la réaction alcaline du
milieu par la sécrétion d'une diastase, et dès lors, on
saisit toute l'importance de la culture et du développement de ce champignon.

Le caillé des camemberts, comme celui des fromages
mous à coagulation lente, est très nettement acide;
par conséquent, il présente au développement des my-
codermes un milieu des plus favorables. Le *penicillum camemberti* s'y multiplie, l'*oïdium lactis* également, mais il importe au plus haut degré de limiter
leur action, car les fromages se dessécheraient trop
vite sous l'influence de ces plantes à évaporation active. C'est l'alcalinité du milieu qui vient arrêter l'en-
vahissement par le mycoderme; c'est le mycoderme
lui-même qui prépare son appareil de ralentissement,
qui apporte le frein que l'on se préoccupait de chercher. Dès que le milieu est devenu alcalin, le *penicillum camemberti* tend à dépérir; bientôt il a disparu,
et ce sont des diastases ou des bactéries spéciales qui
vont travailler dans ce milieu nouveau. On est parvenu à démontrer d'une façon à peu près satisfaisante
que le *penicillum camemberti* ne contribue pas à la
maturation des caillés.

La maturation a pour but et pour effet de rendre le
caillé plus soluble, plus assimilable, et elle se produira
sans doute d'autant plus vite que le pouvoir digestif
des agents employés sera plus énergique.

Il est possible, non pas de mesurer cette énergie
digestive, mais tout au moins de s'en faire une idée
en essayant l'action liquéfiante de ces organismes sur
la gélatine sucrée. L'expérience conduite par M. Thom
a prouvé que l'*oïdium* avait un pouvoir liquéfiant assez
fort, tandis que le *penicillum camemberti* ne produisait
jamais qu'une liquéfaction à peine sensible et très peu
étendue autour de la colonie.

Nous voyons donc le rôle du *penicillum camemberti* très nettement défini et délimité. Ce *penicillum*

change la réaction du milieu, d'acide qu'elle était il la rend alcaline, mais là se borne son influence. Ce n'est pas le *penicillum* qui digère le caillé qui est chargé de le rendre assimilable, ce sont d'autres organismes, d'autres diastases ; le *penicillum* a préparé le repas pour d'autres convives.

En résumé, le *penicillum camemberti* paraît indispensable ; il va être nécessaire dans la fromagerie de favoriser le développement de ce mycoderme bienfaisant, et il n'y a pas à craindre en temps ordinaire de trop le multiplier, car la culture va s'arrêter d'elle-même dans le milieu alcalin.

Oïdium lactis. — L'oïdium lactis se rencontre dans tous les fromages mous, parce qu'il se trouve partout dans la laiterie. On peut déceler sa présence dans l'air de la fromagerie, à la surface de tous les ustensiles usuels, sur les murs, le sol, le plafond ; sur les vêtements des ouvriers, sur leurs mains, et en effet on n'a qu'à abandonner dans une fromagerie un petit échantillon de lait ou mieux de crème, pour le voir se recouvrir, au bout de quelques jours, d'un joli feutrage d'*oïdium lactis.*

Ce nouveau mycoderme se distingue très facilement du précédent par un examen à la loupe ou mieux au microscope. On n'aperçoit plus comme dans le *penicillum* les houppes gracieuses et délicates des fructifications, le *pinceau* qui supporte les conidies. Ici, dans l'*oïdium,* on distingue, sur le *mycelium* fragmenté, des pousses ou des aestes.

Ces appendices sont fragmentés à leur tour en petits rectangles, et dans chacun des rectangles se trouve une oïdie. Il y a donc du *mycelium* comme axe, et greffés sur cet axe des chapelets d'oïdies qui ressemblent assez à des saccharomyces, mais s'en distinguent cependant par des contours plus rectilignes ; ce sont plutôt des rectangles à coins arrondis.

Propriétés et rôle de l'oïdium lactis. — Ce mycoderme,

contrairement au précédent, se développe en surface
et à l'intérieur des milieux nutritifs. Il ne sécrète pas
beaucoup de diastases, mais, malgré cela, c'est un agent
actif de fermentation.

Son action se traduit par un abondant dégagement
de gaz. Il transforme en alcool les sucres fermentes-
cibles et surtout le lactose dans la vie sans air, mais il
possède également, surtout dans la vie aérienne, la

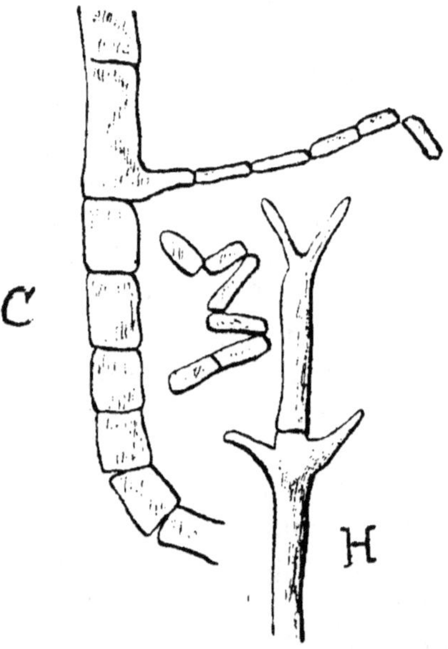

Oïdium lactis.
H. Hyphes. C. Chaîne avec cassure des oïdies. (Grossissement : 600 D.)

propriété de détruire plus profondément certaines
substances : il brûle l'acide lactique et, par conséquent, fait baisser l'acidité du milieu. C'est un liquéfiant de la gélatine, et son action se traduit par
l'apparition d'odeurs plus ou moins agréables parmi
lesquelles on a cru distinguer l'odeur assez caractéristique des fromages affinés.

Il n'est pas étonnant de s'expliquer avec quelle profusion est répandu l'*oïdium lactis,* si on remarque que cet organisme est particulièrement résistant vis-à-vis des agents de destruction : chaleur ou antiseptiques. Ce fait est à noter dans les fromageries; comme il y aura lieu de restreindre l'action de l'*oïdium lactis,* on voit qu'il faudra avoir recours, à l'occasion, à des chauffages assez poussés ou à de copieux lavages des ustensiles avec des antiseptiques appropriés.

A divers points de vue, d'après ce que nous venons de dire, l'*oïdium lactis* est utile puisqu'il travaille dans le même sens que le *penicillum camemberti.* Le Dr Thom lui attribue un autre effet bienfaisant qui rendrait ce mycoderme indispensable. L'*oïdium lactis* serait l'agent producteur du bon bouquet du fromage de camembert. M. Thom a constaté la présence constante de l'*oïdium lactis* dans tous les bons fromages, mais, comme cet organisme est si répandu, la chose ne semble pas remarquable. Une expérience synthétique était nécessaire : M. Thom l'a exécutée. Il a préparé des camemberts avec du lait bien pur ensemencé avec des germes de *penicillum camemberti* et des organismes lactiques, mais sans *oïdium;* ces camemberts ont mûri normalement; ils étaient même bons, mais absolument dépourvus du bouquet si apprécié des amateurs. Au contraire, des camemberts préparés avec le même lait, les mêmes organismes divers, mais en plus de l'*oïdium,* ont donné des fromages de tous points excellents comme pâte et comme bouquet.

L'*oïdium lactis* est donc non indispensable au sens absolu, mais très utile, très bienfaisant; il est bon qu'il y ait de l'*oïdium.* D'après les observations précédentes, il n'y a pas d'ordinaire à se préoccuper d'en ajouter; presque toujours, il y en a dans le lait, dans la laiterie, et en quantités largement suffisantes pour un bon ensemencement. Mais même la préoccupation doit être d'en limiter la proportion, car il est probable que cet *oïdium lactis* en excès est la source et la cause de nombreux accidents de fabrication. Ce mycoderme est un agent actif de fermentation, de dégagement de gaz, et c'est, selon toutes probabilités, à son développement trop excessif qu'il faut attribuer les *frisures* constatées chez quelques camemberts défectueux, ou encore la maladie de la *graisse*. Les camemberts frisés à la surface, à croûte moutonnée, vallonnée, sont dépréciés sur le marché, et on estime aussi beaucoup moins ceux dont la pâte est huileuse, graisseuse. Il ne faut pas oublier que l'*oïdium lactis* possède une assez grande puissance digestive et agit fortement sur la caséine en déterminant dans le milieu des décompositions ou des modifications qui ne sont pas celles que l'on recherche. En outre, il y a peut-être à craindre par excès d'*oïdium lactis* une attaque de la matière grasse et un rancissement consécutif; ce dernier fait n'est peut-être pas encore entièrement démontré, mais il est possible. En tous cas, l'excès d'*oïdium* peut communiquer à toute la pâte un désagréable goût de moisi. Pour conclure, nous admettrons qu'il faut de l'*oïdium*, mais pas trop; ce qui fait, en somme, que presque toujours on devra plutôt chercher dans le travail de la fromagerie à diminuer ou à restreindre le développement de l'*oïdium,* avec la conviction presque toujours bien légitime que cet organisme se trouvera de lui-même en quantité plutôt trop abondante que pas assez.

Les ferments lactiques. — Le lait, trait avec toutes les précautions désirables de méticuleuse asepsie, est à peu près exempt de germes si les animaux sont en bonne santé. Si les animaux sont atteints de certaines maladies causées par la présence de germes morbides, comme par exemple la tuberculose, la scarlatine, le typhus, etc., les germes de ces maladies se retrouvent assez fréquemment dans le lait, et la transmission par ce liquide de certaines affections dites contagieuses est un fait prouvé et connu. Mais il est connu aussi que le lait possède un réel pouvoir bactéricide vis-à-vis de certains germes, tandis que d'autres organismes se développent au contraire avec une prodigieuse rapidité dans ce milieu. Au nombre de ces derniers, figurent en première ligne les ferments que l'on a appelés ferments *lactiques*.

On appelle d'une manière générale *ferments lactiques* les ferments ou les bactéries qui ont la propriété caractéristique et développée au plus haut point de transformer le lactose en acide lactique.

Cette transformation ne consomme pas une bien grande quantité d'énergie; elle résulte d'une migration réciproque de molécules d'hydrogène et d'oxygène dans les molécules CHOH qui caractérisent les sucres.

$$\text{CHOH} \quad \text{CHOH} \quad \text{CHOH} = \text{Lactose}$$
$$\text{devient} \quad \text{CH}^3 \quad \text{CHOH} \quad \text{COOH} = \text{Acide lactique}$$

par une simple migration de H de droite à gauche et de O de gauche à droite; le sucre qui avait le caractère aldéhydique (ou cétonique) prend le caractère acide : COOH. Il existe des quantités d'organismes qui effectuent cette transformation, c'est-à-dire qui acidifient les dissolutions de lactose qu'elles font fermenter, le lait en particulier.

Si l'on examine les choses d'un peu plus près, on s'aperçoit que le phénomène est rarement aussi simple que l'indique la formule. Il y a beaucoup de ferments lactiques; il y a beaucoup de fermentations lactiques. Suivant les ferments, le lactose est attaqué plus ou moins profondément, c'est-à-dire qu'il n'est transformé que partiellement en acide lactique. Dans la pratique, si l'on recherche l'acidité, ce qui est le cas pour la fromagerie, il faudra donc rechercher tout d'abord les ferments qui donnent l'attaque la plus poussée, ceux qui laissent le minimum de lactose intact. Ce sont aujourd'hui d'habiles chimistes bactériologistes qui, chez des marchands de ferments, sont chargés de faire cette sélection, et l'on trouve, dans le commerce, des cultures pures de ferments appropriés à la fromagerie du camembert ou des fromages mous en général.

En poursuivant l'instructif examen de l'action des ferments lactiques, on découvre encore bien d'autres faits intéressants. On peut constater d'abord que certains ferments dans certaines conditions d'existence donnent différents acides lactiques : l'acide droit, l'acide gauche ou l'acide inactif. La fromagerie n'a pas jusqu'à présent, à notre connaissance, utilisé ces remarques; peut-être devra-t-elle porter plus d'attention à d'autres phénomènes encore. Il n'y a pas que de l'acide lactique dans les produits des fermentations; il apparaît d'autres acides, des acides acétique, propionique, succinique, butyrique enfin, et il est assez admissible de penser que ces acides peuvent avoir une influence sur le goût et la qualité des fromages. Ils disparaissent principalement sous l'action du *penicillum camemberti*; d'accord, mais les résultats de leur action subsistent, et il se peut très bien que certains produits de décomposition communiquent aux fromages un goût ou un bouquet spécial.

Lesquels choisir dans ces organismes? Le mieux nous paraît, ou d'acheter des ferments chez des commerçants respectables à réputation établie, ou alors, si on se sent l'habileté nécessaire pour exécuter soi-même cette sélection, on prélèvera, dans une bonne fromagerie, du caillé dans les baquettes mêmes au moment de la mise en moules et on fera des ensemencements dans des boîtes de Petri. Il ne paraît pas du tout nécessaire de n'employer qu'une seule variété pure de ferments lactiques; tout au contraire, il est fort probable que des symbioses sont utiles et que l'on trouve avantage à cultiver et à ensemencer ensuite une collection de ferments lactiques qui travailleront tous ensemble simultanément.

Propriétés et rôle des ferments lactiques. — Les bactéries lactiques sont nombreuses et de formes assez variables, mais leurs dimensions sont toujours extrêmement faibles, quelques millièmes de millimètre, et ce n'est qu'à l'aide de puissants microscopes que l'on parvient à les apercevoir; elles se présentent sous la forme de petites sphères (*coccus*) ou de bâtonnets (*bacilles*). C'est sous cette dernière forme que Pasteur les a découvertes et a indiqué leurs principales fonctions. Ces très nombreux organismes ont des propriétés quelque peu différentes, font fermenter plus ou moins vite et plus ou moins profondément le lactose et donnent des produits accessoires variables. On est encore assez embarrassé de dire quelles espèces il faut préférer et cultiver ensuite pour avoir les meilleurs produits. C'est en étudiant de plus près leur rôle que nous arriverons à éclairer un peu la question. Les divers ferments lactiques acidifient le lait ou le caillé, et leur fonction d'acidification est singulièrement favorisée par les circonstances.

La mise en présure du lait dans la fabrication du camembert se fait à une température de 28° environ, et la coagulation ne se produit, étant donnée la faible quantité de présure employée, qu'après deux ou trois heures de cette température d'environ 28°. Les ferments lactiques se développent donc avec une très grande vigueur, mais ensuite à la mise en moules, puis au haloir, les conditions changent. D'abord la température s'abaisse, car la salle de mise en moules n'est maintenue qu'à 18° à peu près; puis, au haloir, c'est le *penicillum camemberti* qui envahit la surface et dessèche la masse peu à peu dans des conditions de température encore moins favorables, 15 à 16° seulement.

Les ferments lactiques vont en diminuant de nombre; leur influence s'affaiblit. L'expérience prouve que l'action de ces organismes a été en général assez faible et limitée. Les organismes ou leurs diastases sécrétées n'ont presque pas attaqué la caséine; ils n'ont été que des peptonisants sans grande énergie, c'est-à-dire qu'en résumé leur action s'est bornée presque à une acidification : voilà le fait principal. Si nous nous contentons d'en examiner les intéressantes conséquences, nous allons découvrir que cette intervention des organismes lactiques a été éminemment utile. Le milieu est devenu acide, et acide par l'acide lactique : par conséquent, le développement des autres ferments a été fortement entravé, car l'acide lactique est un antiseptique, et c'est même à ce titre qu'il est produit et utilisé dans certaines opérations de la brasserie et de la distillerie. Donc, pouvons-nous conclure, le milieu a été purifié et maintenu pur par la présence des ferments lactiques. Puis, deuxième conséquence, ce milieu acide est devenu très favorable au développement du *penicillum camemberti* et de l'*oïdium lactis*.

En résumé, c'est la fonction acide par l'acide lactique qui s'est montrée intéressante, et il paraît assez naturel alors de sélectionner parmi les ferments lactiques ceux dont le pouvoir acidifiant est le plus énergique et le mieux caractérisé.

Nous avons dit et nous répétons qu'il n'y a probablement pas lieu de s'en tenir à *un* ferment lactique, mais qu'on doit, au contraire, cultiver en symbiose *plusieurs* de ces ferments. Il existe, en effet, quelques fonctions accessoires dont l'effet n'est pas négligeable : on sait très bien que certains de ces ferments, par une attaque légère et délicate de la caséine, développent ce bouquet, ce goût de noisette si appréciés.

Voilà donc des ferments à conserver et à cultiver, et, en somme, nous en revenons à une remarque déjà faite plus haut, c'est-à-dire à conseiller, pour avoir les meilleurs ferments lactiques de prendre des cultures dans du bon lait emprésuré pour camemberts ou dans du caillé des baquettes. Les ferments lactiques comme agent d'acidification présentent encore un avantage que nous devons mentionner : presque tous ces ferments fonctionnent comme anaérobies ou, du moins, vivent mieux sans contact avec l'air. Ce fait important a été démontré au laboratoire par Kayser, en France, par Barthel, en Suède, puis, dans l'industrie, par des cultures ou des acidifications de lait ou de crème obtenues en maintenant ces liquides sous une couche d'huile.

Dans le cas qui nous occupe, nous ne pouvions donc trouver mieux que ces ferments comme agents d'acidification d'un caillé dans lequel l'accès de l'air est nul. D'après les considérations précédentes, on comprend toute l'importance du développement des ferments lactiques : si le lait ou le caillé n'étaient pas acides, le *penicillum camemberti* ou l'*oïdium lactis* ne se développeraient pas, et de par des ferments accessoires anaérobies, le fromage ne tarderait pas à subir de désastreuses fermentations putrides.

Nous devons, en passant, signaler une fonction des microbes lactiques un peu accessoire dans notre discussion actuelle, mais présentant un intérêt pratique considérable.

Les ferments lactiques donnent de l'acide lactique; cet acide s'allie à la caséine, et il se forme une pâte compacte et homogène qui a de la consistance. S'il n'y a pas d'acide lactique, la caséine demeure brisante, elle se fragmente sous la moindre pression, elle retient le sérum ou wei emprisonné dans son réseau fragile. L'acide lactique est donc nécessaire, et si l'on suit attentivement la marche de la fabrication de tous les fromages, on voit la préoccupation constante de mettre de l'acide lactique en présence de la caséine, soit en faisant aigrir le lait (camembert, hollande, etc...), soit en laissant la caséine au contact du wei aigri (cantal, cheddar, etc.), soit enfin en apportant des ferments lactiques par la présure (gruyère), et cela pour obtenir une pâte consistante. C'est donc indirectement l'acide lactique ou les ferments lactiques qui favorisent l'égouttage des fromages. Cette question, si intéressante dans la pratique, a été étudiée par M. Guéraut-Godard, qui exprime l'espoir que l'on arrivera à sélectionner les ferments au point de vue de leur action sur la production de la pâte ou, autrement dit, sélectionner ceux sous l'influence desquels l'égouttage se produira le mieux.

Nous en sommes arrivés à nous expliquer assez nettement les premières phases de la fabrication, qui comprennent :

1º L'acidification par les ferments lactiques pour permettre;

2º Le développement du *penicillum camemberti* et accessoirement de l'*oïdium lactis* qui déterminent.

3º La disparition de l'acidité par destruction ou combustion de l'acide lactique, et qui, par le jeu des diastases, communiquent à toute la pâte une réaction alcaline.

Mais, si nous avons défini assez bien le rôle des ferments lactiques puis du *penicillum,* voire même de l'*oïdium lactis,* nous comprenons que la question de la maturation reste encore en suspens; elle n'est pas expliquée. Nous n'avons pas trouvé jusqu'à présent d'agents modificateurs de la caséine, et cependant les modifications existent. Dans un camembert sortant du haloir, la pâte est blanche et insipide, elle se brise sous la dent; lorsque le fromage est resté quelque temps à la cave d'affinage, la pâte est devenue jaune, onctueuse, et elle fond dans la bouche. En même temps que le goût agréable est devenu sensible, le bouquet s'est développé, et c'est une odeur de bonne crème fraîche qui se dégage maintenant. Il s'est donc passé de nouveaux phénomènes qui ont abouti à la maturation proprement dite du fromage. C'est après leur séjour suffisamment prolongé à la cave que le camembert est devenu marchand et qu'il faut se hâter de livrer à la consommation avant que les bonnes qualités ne s'évanouissent pour faire place à une putréfaction désagréable. Au bout de quelque temps, en effet, le fromage trop longtemps conservé tend à couler; il devient piquant, son odeur est forte, repoussante même. Il y a donc un moment précis à choisir pour livrer le produit à la consommation. Quel est ce moment? Que s'est-il passé dans la cave d'affinage? C'est ce que nous allons examiner.

La maturation. — La maturation procède de l'extérieur à l'intérieur : si l'on coupe par une section nette un fromage en voie de maturation, on voit dans la section une zone blanche inattaquée dans le milieu du pain, et elle est entourée d'une autre zone jaunâtre mûre qui confine partout à la surface. Il n'y a pas de doute : on doit attribuer cette transformation nouvelle à des ferments actifs ou à des diastases. Mais le mécanisme de ces transformations n'est pas, à beaucoup près, aussi nettement connu que celui de la préparation de la pâte.

La maturation provient-elle de l'action des organismes préexistants, ferments lactiques, *penicillum* et *oïdium?* Le Dr Thom dit oui. Dans une brochure publiée aux États-Unis par le ministère de l'Agriculture, travail signé des noms de W. Conn, Ch. Thom et des assistants (Washington, 1905), nous trouvons dans les conclusions que nous traduisons littéralement :

Conclusion 4 : aucun autre organisme (que *penicillum camemberti; oïdium lactis* et ferments lactiques) ne paraît absolument nécessaire pour produire la texture et le bouquet du fromage de Camembert, quoique d'autres espèces de bactéries soient toujours présentes dans ou sur le fromage.

Cette conclusion vient à la suite d'expériences relatées dans la brochure; expériences qui se résument à ceci : on a fait des camemberts excellents comme goût et comme bouquet avec des laits *aussi purs que possible,* ensemencés seulement de *penicillum camemberti, d'oïdium lactis* et de ferments lactiques.

Cette conclusion d'un travail très consciencieusement conduit par des hommes éminents est certainement très intéressante pour la pratique; elle permet d'amener les auteurs à admettre qu'avec du bon lait et des germes des organismes indiqués, on fera de très bons camemberts en Amérique. Sur ce point, nous sommes d'accord, mais la question scientifique reste posée. Sont-ce bien seulement les germes susdits qui déterminent la maturation, ou ne seraient-ce pas ces autres organismes qui, disent les savants américains, sont toujours présents sur ou dans le fromage de Camembert? Nous devons expliquer pourquoi cette question nous préoccupe.

Si la maturation doit se faire sous l'influence d'un nouvel organisme autre que les champignons ou les ferments lactiques, il faudra songer à ajouter ce nouveau ferment au cours de la fabrication. Le problème présente donc un intérêt pratique immédiat.

Pour le résoudre, il faudrait prendre un fromage à la sortie du haloir, chloroformer la surface et porter le pain dans une cave d'affinage spéciale. Si, dans l'expérience ainsi conduite et répétée maintes fois pour plus de sûreté, les fromages mûrissent toujours, l'ensemencement par les champignons et les moisissures sera suffisant.

Quoique des expériences de ce genre n'aient pas été entreprises, à notre connaissance, il est permis de douter de leur réussite, et nous pensons que si les savants américains sont parvenus à fabriquer de bons camemberts avec des champignons et des ferments lactiques seulement, c'est qu'à l'insu des opérateurs, il y avait d'autres ferments, apportés par le lait ou les ustensiles, et dont le rôle a commencé à la cave d'affinage seulement.

Quels peuvent être ces organismes?

On a trouvé dans la flore des fromages, en plus des ferments signalés : 1° des saccharomyces; 2° des ferments peptonisants liquéfiant la gélatine et la plupart anaérobies.

I. — *Les saccharomyces.* — Ce sont des organismes qui transforment les sucres en alcool et acide carbonique; dans les caillés, c'est le lactose qui fermente. Or, les saccharomyces travaillent plus aisément dans un milieu acide; c'est donc dans le haloir que doit s'exercer leur action, et en effet, dans le haloir de bonnes fromageries, on perçoit très nettement l'odeur de l'alcool. L'action de ces saccharomyces ne doit probablement qu'être bienfaisante, car l'alcool formé peut s'unir à des acides pour former des éthers qui contribueront au bouquet du fromage; puis, d'autre part, le lactose disparaît dans cette réaction, et c'est précisément son anéantissement que l'on désire. Donc, en somme, ces organismes sont peut être utiles, quoiqu'ils ne paraissent pas indispensables, mais on ne voit pas qu'ils interviennent dans la maturation, car au haloir leur rôle est fini, et le sucre a disparu.

II. — *Les ferments peptonisants.* — Duclaux, avec sa lumineuse sagacité, après avoir découvert dans la pâte des fromages des ferments peptonisants, des tyrothrix entre autres, leur avait assigné le rôle de digesteurs de la caséine; c'étaient, d'après ce grand savant, des ferments utiles, indispensables. Cette opinion a été soutenue et confirmée par les recherches d'Adametz, de Weigmann. En France, M. Mazé a isolé des ferments du rouge du fromage et conseillé ensuite de les ensemencer sur la surface des pains.

Et nous avons dit que la maturation procédait de l'extérieur vers l'intérieur. Les ferments peptonisants existants ou ensemencés trouvent au contact du *mycelium,* du *penicillum camemberti,* un milieu favorable à leur développement, et peu à peu suivent vers l'intérieur la propagation de l'alcalinité. Il se pourrait aussi que ce ne fussent pas les germes eux-mêmes qui se propageraient, mais qu'il y eût simplement une diffusion des diastases qu'ils sécrètent. Puisque ces points ne sont pas encore élucidés complètement, n'insistons pas sur des hypothèses, mais retenons seulement ces faits que la maturation est l'œuvre de ferments vivants ou la conséquence de la vie et du développement de ces ferments. Dans tous les cas, les ensemencements par les ferments du rouge semblent se montrer favorables, et, dans d'autres fabrications de fromage durs ou cuits, les ensemencements de ferments désignés par Weigmann ou Adametz ont déterminé de bonnes maturations. La conclusion générale est donc que la maturation est l'œuvre directe ou indirecte de ferments.

Toute la fabrication, en résumé, est une affaire de fermentations successives, et dans tout le travail de la fromagerie on devra s'inspirer de cette considération qu'il ne faudra jamais perdre de vue.

Les règles des fermentations sont connues : il faut, pour obtenir les résultats désirés d'une manière régulière, opérer avec des ferments purs ensemencés dans un milieu nutritif préalablement stérilisé.

Tous nos soins, toute notre attention, devront porter sur ces deux points :

I. — Préparation d'un milieu stérilisé ou, à défaut de stérilisation réalisable, préparation d'un milieu aussi purifié que possible.

II. — Préparation et ensemencement des ferments purs.

Nous voici tout préparés à aborder l'étude de notre troisième partie.

TROISIÈME PARTIE

ÉTUDE, INSTALLATION ET TRAVAIL D'UNE FROMAGERIE PARFAITE

Le lait.

Le lait, pour la fabrication du bon camembert, doit être choisi parmi les plus savoureux, et celui qui, en France, est récolté dans des plantureux pâturages de la Normandie passe avec juste raison pour donner les produits les plus délicats.

Il ne paraît pas nécessaire de rechercher les laits les plus riches en matière grasse, car les fromages trop chargés de crème sont exposés à couler. La richesse moyenne du lait des vaches normandes représente un taux auprès duquel il convient de se tenir : c'est, par exemple, une proportion de 40 grammes de beurre par litre. On aurait probablement de la peine à préparer des camemberts avec des laits de vaches jersyaises ou bretonnes, et, d'autre part, des laits trop maigres, comme ceux des vaches hollandaises, ne donneraient que des fromages durs et d'assez médiocre qualité.

Mais nous devons étudier le lait à un autre point de vue. Il est évident que si l'on emploie aussitôt à la fabrication du lait fraîchement et exclusivement récolté dans la ferme, on se trouve dans d'excellentes conditions de réussite.

La plupart du temps, dans les fromageries industrielles surtout, on achète du lait au dehors; ce lait n'arrive à la fromagerie qu'après avoir subi des transvasements, des manipulations diverses, un transport souvent assez long, et, en somme, ce lait a été altéré pendant le temps écoulé depuis la traite par les ferments qui l'ont contaminé au cours des opérations. Si ce sont des ferments lactiques et que l'œuvre désorganisatrice ne soit pas trop avancée, le mal n'est pas très grand, la matière première est encore utilisable, mais les ferments récoltés sur les chemins sont parfois des germes dangereux, et l'on enregistre, au cours de fabrication, des accidents qui n'ont d'autres causes que la présence et le développement de ces néfastes microbes.

D'autre part, ainsi que nous l'avons fait remarquer, il conviendrait, pour suivre des règles logiques, de n'exécuter toutes les fermentations que dans un milieu stérilisé, et voilà que d'ordinaire, au contraire, le milieu est déjà contaminé et désorganisé par des ferments divers inconnus.

La fabrication est, dans de telles conditions, livrée au hasard; elle échappe aux soins de l'industriel, qui assiste impuissant à des désastres qu'il ne peut conjurer.

C'est un état de choses intolérable; on doit rester maître de sa fabrication, être assez éclairé et assez fort pour la conduire avec un succès certain, et, pour ce résultat, le remède est indiqué : il faut avant tout débarrasser le milieu de tous les germes dangereux, il faut le stériliser.

Est-il possible de stériliser le lait destiné à la fromagerie par la chaleur? Non.

Car on sait qu'à la température nécessaire pour obtenir la stérilisation, c'est-à-dire à plus de 100°, le lait est profondément modifié, tellement changé dans sa nature même que l'on ne parvient plus à fabriquer des fromages, pouvant se vendre, avec des laits stérilisés au-dessus de 100°. C'est un fait démontré, connu; il faut donc renoncer à ce mode de stérilisation.

On ne pourrait pas davantage réaliser, pratiquement pour la fromagerie, cette stérilisation par des chauffages répétés à 85°, par ce que l'on appelle une

tyndallisation, parce que déjà à 85° le lait s'altère ;
les diastases qu'il contient naturellement, la galac-
tase de Babcock entre autres, est radicalement détruite,
et tout porte à croire que cette diastase dernière est
utile à la maturation. Cette diastase disparaît déjà à
79° ; on ne devrait donc jamais chauffer le lait pour la
fromagerie à plus de 78°, de 75° même, et alors il ne
faut plus songer à obtenir une stérilisation dans le
sens rigoureux du mot.

Nous voici contraints de nous contenter d'une pasteurisation, c'est-à-dire d'un chauffage à une température de 68 à 70° seulement. Dans ce cas, l'application de la chaleur n'amènera pas la destruction de
tous les germes ; mais si elle détermine la disparition
de la plupart des germes et surtout de ceux qui seraient nuisibles dans la circonstance, c'est le principal, et il ne faut pas hésiter à adopter et à pratiquer
toujours cette pasteurisation.

Une fois le lait pasteurisé et refroidi, on l'ensemen-
cera avec les ferments purs qu'il s'agit de multiplier.

Dans notre fromagerie parfaite, on disposera et on
aménagera un atelier spécial pour cette première opération des pasteurisations.

Réception et pasteurisation du lait.

Il est naturel d'esquisser d'abord au point de vue
de la qualité les laits qui sont apportés dans les bidons ;
on vérifiera, si le lait semble suspect, l'acidité et la
teneur en matière grasse en rejetant les laits mauvais
qui pourraient compromettre le succès de la fabrication.

Filtration.

Il faut surtout que le lait soit propre. Dans le courant de cet ouvrage, nous avons démontré quelle fâ-
cheuse influence avaient les matières étrangères sur

la qualité et la conservation du lait; ce sont d'ordinaire les corps étrangers, débris de poils, de fumier, etc., qui sont le véhicule d'une foule de germes dangereux. Par conséquent, non seulement le lait sale peut donner des fromages d'aspect désagréable, mais encore il fournira très souvent des produits irréguliers ou défectueux.

Il est donc très utile d'éliminer toutes les matières étrangères en suspension dans le liquide; on y parvient par la filtration.

Que l'on prenne un des filtres du commerce en choisissant le plus simple, le plus facile à nettoyer, mais que l'on n'omette pas la filtration : c'est une opération d'une importance capitale, et qui n'entraîne du reste qu'à des frais insignifiants.

Cette filtration vient en aide à une pasteurisation que nous avons démontrée insuffisante de par la force des choses; elle la facilite en diminuant le travail d'épuration que cette pasteurisation doit accomplir.

Pasteurisation.

Le choix du pasteurisateur à adopter est dicté par les conditions dont nous venons de parler : il faut que le lait soit porté à la température la plus élevée qu'il puisse supporter sans altération, 68 à 70°, maintenu pendant quelques minutes ; mais il ne faut pas que cette température soit dépassée, car le lait en souffrirait. Cette opération de la pasteurisation se fait journellement en laiterie; mais, pour du lait destiné à la consommation ou à la fabrication du beurre, il importe peu que l'on chauffe un peu plus haut qu'à la température strictement nécessaire, c'est-à-dire, sans grand inconvénient, à 75 ou 80°. Dans un certain nombre de modèles de pasteurisateurs usuels fort employés, on chauffe le lait par le lait, et comme agent de chauffage on se sert de la vapeur; la chaleur se transmet de la vapeur au lait par l'intermédiaire d'une mince cloison de cuivre étamé. Avec cette disposition, le lait qui se trouve au contact de parois très chauffées est peut-être porté par parties à une température voisine de 100°; cette température s'abaisse rapidement par le mélange à du lait plus froid, et on a en moyenne amené le lait à la température voulue, 75 à 80°. Ce serait pour la fromagerie une très mauvaise manière de procéder; jamais le lait qui doit y être utilisé plus tard ne saurait être chauffé partiellement, même à une température de 80°, sans inconvénients. Le chauffage par la vapeur est, par conséquent, à rejeter, mais les pasteurisateurs disposés pour ce chauffage peuvent cependant être utilisés à la condition de chauffer par bain-marie, ce qui est parfaitement faisable. Rien n'est plus simple industriellement que d'amener un bain-marie à une température rigoureusement déterminée à un degré près, et, dans ce cas, on est certain de ne pas dépasser la température voulue, 68 à 70°. Au surplus, plusieurs modèles d'excellents pasteurisateurs à bain-marie existent déjà dans le commerce. Il nous suffira de citer comme exemples ceux de Lawrence ou de Chapelier.

Un des bons modèles est le pasteurisateur de Farrington (États-Unis). Dans cet appareil encore peu connu en France, le lait circule dans une large gouttière demi-cylindrique. Suivant l'axe de figure, est disposé un gros tube muni de plusieurs disques lenticulaires formant comme deux assiettes accolées. Ce système, tuyau central et lentilles, est parcouru par un courant d'eau chaude circulant en sens inverse du lait; en même temps, cet axe chauffé est animé d'un lent mouvement de rotation. Un appareil identiquement semblable sert à refroidir. Avec un ensemble ainsi disposé, on peut amener presqu'à l'abri du contact de l'air, grâce à un couvercle, le lait à une tempé-

rature voulue, jamais dépassée. Il suffit, en effet, de
ne pas la dépasser dans le bain-marie mobile.

Un pasteurisateur et réfrigérant, imaginé autrefois
par M. Hignette, donne, par une circulation métho-
dique, des liquides, eau chaude ou froide et lait, dans
des tubes concentriques, une solution très bonne du
problème proposé. Enfin le pasteurisateur Houdard
pourrait être adopté avec avantage (EGROT, construc-
teur, à Paris).

Tout cela est pour dire que l'on a l'embarras du
choix; le problème est connu, facile, et a été par plusieurs constructeurs résolu de façon très satisfaisante.
Cependant, pour avoir toute tranquillité au sujet de
la température à ne pas dépasser, M. Mazé, puis
M. Arthaud Berthet, ont imaginé, chacun de leur côté,
de chauffer le lait au moyen de vapeurs de liquides
à point d'ébullition voisin de la température à obtenir ; l'alcool méthylique, qui bout à 66°3, convient
très bien dans la circonstance.

Durée du chauffage. — Puisqu'il est de toute nécessité de modérer la température de pasteurisation et
de la limiter à 68-70°, on corrige l'insuffisance de la
température par une prolongation de la chauffe. Il
faut que le lait soit maintenu au moins pendant cinq
minutes à 68-70°, et, pour cela, il convient de choisir,
parmi les pasteurisateurs cités plus haut, ceux qui
ont un volant de chaleur, une capacité suffisamment
grande ou un circuit assez développé pour obtenir ce
maintien de la haute température. En se servant des
pasteurisateurs continus du commerce, il est donc pru-
dent d'interposer entre le calorisateur et le refroidis-
seur un vase d'assez grand volume, dans lequel séjourne
quelque peu le lait chaud. Le pasteurisateur Gaulin
présente précisément cette heureuse disposition.

Refroidissement. — Dans le travail courant des laiteries, on se propose de refroidir le lait à température
assez basse aussitôt après la chauffe. Dans la froma-

gerie de camembert, on met en présure à une température voisine de 28°; il suffit de refroidir le lait dans les environs de 30° et de le faire couler au fur et à mesure dans les baquettes d'emprésurage.

Emplissage des baquettes. — Dans la plupart des fromageries, on fait couler le lait dans une longue gouttière percée de trous à intervalles égaux. Sous chaque trou est soudée une tubulure que l'on peut obstruer à volonté par un tampon de bois ou par un robinet. Au-dessous de chaque tubulure, on place une baquette que l'on emplit en débouchant l'orifice correspondant. Cette disposition n'est pas mauvaise si l'on travaille rapidement et proprement.

Rapidement, pour que le lait n'ait pas le temps de trop se refroidir et que les baquettes soient bien toutes au même degré.

Proprement, afin que, dans un trajet à l'air libre quelquefois assez long, le lait ne soit pas contaminé par des germes étrangers.

Organisation du travail. — Toutes les opérations dont nous venons de parler doivent à notre avis se passer dans un atelier unique. Nous aurons, à côté du local de réception, à loger les filtres, le ou les pasteurisateurs et refroidisseurs. On s'arrangera à livrer à la fromagerie le lait à la température convenable.

Nous sommes en mesure, dès maintenant, de disposer méthodiquement tous les appareils et de déterminer la meilleure organisation des locaux pour le travail à effectuer.

A l'entrée, un local vaste, bien clair, bien dallé pour la facilité des nettoyages : c'est la salle de réception, et autour de cette salle, dans trois directions complétant la croix avec la direction de l'arrivée du lait, le laboratoire d'analyses, la laverie des bidons et la première salle de la fromagerie, la salle de mise en présure. Voici un croquis schématique de cette disposition raisonnée.

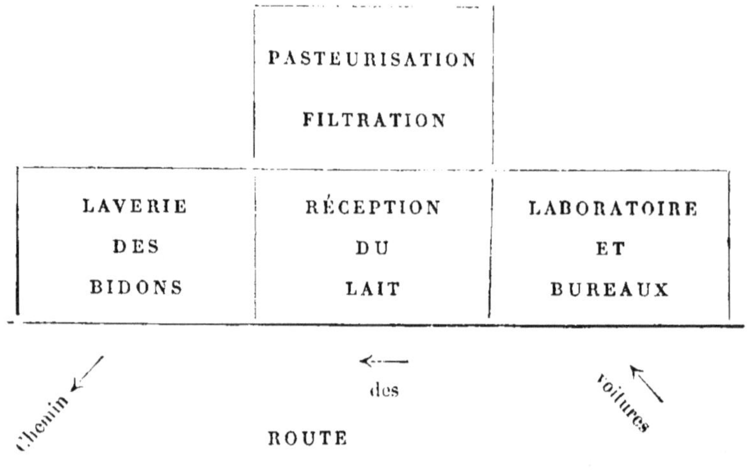

<table>
<tr><td colspan="3" align="center">PASTEURISATION

FILTRATION</td></tr>
<tr><td align="center">LAVERIE

DES

BIDONS</td><td align="center">RÉCEPTION

DU

LAIT</td><td align="center">LABORATOIRE

ET

BUREAUX</td></tr>
</table>

Chemin ←   ← *des*   *voitures*

ROUTE

Les voitures amènent les bidons remplis de lait. Le lait est goûté, analysé, et passe à la filtration s'il est accepté comme bon. Les voitures reprennent à la laverie les bidons propres et repartent pour la tournée de ramassage.

Les fournisseurs ne doivent pas entrer dans la fromagerie. Avec la disposition proposée, il est facile de voir qu'ils n'y ont que faire. Dans la salle de réception, le lait accepté comme satisfaisant est pris en charge; les fournisseurs reçoivent leur compte sur un carnet à souche; ils savent ce qu'ils auront à toucher et ils n'ont plus qu'à se retirer s'ils sont d'accord ou à se diriger à côté vers les bureaux en cas de réclamation.

Température de mise en présure et acidité. — De l'atelier où se trouvent les filtres et pasteurisateurs, le lait doit être envoyé dans la fromagerie, tout prêt à être emprésuré. Pour cela, il faut qu'il soit à la température voulue et, en outre, amené à un degré d'acidification déterminé.

Le mieux paraît, en ce qui concerne la température, d'envoyer du lait légèrement plus chaud qu'il ne faut, 30 ou 31°, et dans la fromagerie même on attend que par le refroidissement la température voulue soit atteinte. C'est l'affaire de peu de temps, d'un temps que la pratique fait connaître. Le fromager, instruit par l'expérience, indique à quelle température le lait doit lui arriver. Mais un autre facteur intervient dans le problème : l'acidité. Le lait doit être un peu acide, ou, pour parler plus exactement, il doit pouvoir devenir acide, et, comme nous avons supposé que de l'atelier de filtration on envoyait du lait prêt à être emprésuré, il est nécessaire de songer à l'acidification. La plupart du temps, les laits sont plutôt trop acides : c'est un défaut assez grave, auquel on ne peut apporter qu'un remède presque impuissant en modérant la température. Mais les laits véritablement trop acides sont des laits malades; l'analyse les aurait signalés et on les aurait refusés. Supposons donc l'autre cas : le lait est trop doux. Le mal est loin d'être aussi grave, car on peut corriger sans peine ce manque d'acidité en ensemençant les laits avec des ferments lactiques dans la salle de pasteurisation et en les conservant au besoin quelque temps à la température de 32 ou 33° avant de les envoyer au travail. Il est assez difficile de spécifier le degré d'acidité que doit atteindre le lait, car ce degré dépend des circonstances diverses de la saison, de la présure, mais surtout de la nature des laits eux-mêmes, et c'est par tâtonnements, par des expériences répétées et soigneusement notées que l'on arrivera à trouver le degré d'acidité favorable. Ce sera 20ª à 21ª environ. En réalité, il suffit d'une faible acidité, car l'acidification se poursuit pendant le caillage, mais il faut que les ferments préexistent. Comme ensemencement, on peut se servir soit de ferments lactiques du commerce, soit de lait de beurre, soit du wei ou égout de fromages. Le chimiste de la fromagerie devra veiller avec grand soin à cette question de fermentation lactique, car d'elle dépendent et le bon égouttage des caillés dans les moules et ensuite la poussée des moisissures, le bouquet, en un mot. Cette acidification joue un rôle capital, et la marche qu'on lui imprime assure le succès de la fabrication.

Peut-être y a-t-il encore autre chose à faire à ce lait avant son entrée dans la fromagerie. Les Américains conseillent de l'ensemencer en germes de *penicillum camemberti*. Cette précaution nous paraît utile aux débuts d'une fromagerie nouvellement installée; mais, dans une usine en bonne marche, il est peut-être préférable d'ensemencer ce *penicillum* avec le sel ou bien de le remettre sur les fromages à l'état d'une dilution de ces germes dans de l'eau injectée par un vaporisateur.

Nous reviendrons sur ces questions, mais tout ce que nous voulons dire maintenant, c'est que, dans une fromagerie bien organisée, chaque atelier doit livrer à l'atelier suivant une marchandise irréprochable et préparée suivant des exigences déterminées, par exemple ici, du lait à une température de a degrés, à une acidité de b grammes par litre. C'est en procédant de cette façon que l'on arrive à réussir la fabrication dans la plupart des cas ou, autrement, à déterminer les responsabilités s'il se produit quelque accident.

EMPRÉSURAGE. — *Les vases d'emprésurage ou baquettes.* — Le lait préparé à point est conduit par la gouttière dans l'atelier de mise en présure, et on en fait écouler dans chaque vase une quantité voulue bien déterminée. Les vases qui servent à l'emprésurage sont appelés les baquettes, en Normandie. Ce sont des récipients tronconiques de 60 à 100 litres de capacité; leur forme rappelle celle d'un pot à fleurs; ils sont établis en tôle étamée, le fond, légèrement concave, est soudé à la partie tronconique. La construction de ces vases est presque toujours défectueuse; il est difficile de décider les constructeurs à des dispositions rationnelles : le vase entier devrait être établi sans soudures, le fond devrait être embouti. Le nettoyage serait ainsi plus facile et plus sûr, et comme on fabrique des bidons entiers sans soudure, il est plus que certain que les procédés de fabrication s'appliqueraient aux vases de fromagerie, pour lesquels les soins de la plus minutieuse propreté sont absolument indispen-

Baquette.

sables. Les vases tronconiques sont portés sur des chariots à roulettes; on peut ainsi les déplacer et les amener, quand le caillé est pris, à proximité des moules qu'il s'agit de remplir.

Pendant la durée du caillement, la température doit rester constante. La plupart du temps on se contente de couvrir les baquettes avec une planche.

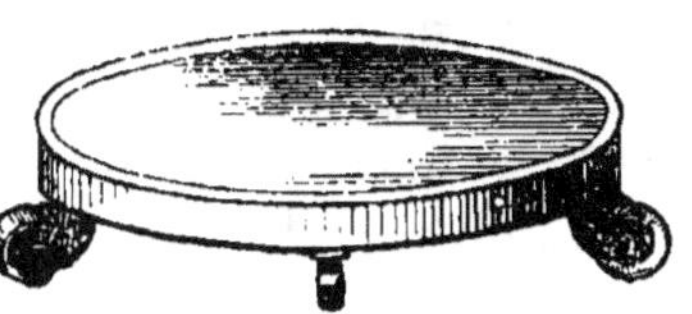
Chariot pour baquette.

Nous conseillons de loger chacune de ces baquettes dans une case formant armoire très facilement démontable; on préserve ainsi les vases du refroidissement, des chocs et de la poussière; le lait est maintenu immobile, mais il faut, pour que cette disposition soit réellement bonne, que l'armoire puisse être chaque fois, ou tout au moins chaque semaine, entièrement démontée et lavée. Il serait tout aussi bon de construire ces logettes en briques recouvertes de carreaux émaillés avec angles arrondis; on nettoierait sur place par un copieux lavage à l'eau chaude.

Température. — C'est ici qu'il convient de réglcmenter le travail de la fromagerie, suivant le nombre de fromages à fabriquer. La mise en présure se fait entre 31 et 26°, et, comme nous l'avons dit, la prise est d'autant plus rapide que la température est plus élevée.

Dans la fabrication nouvelle, les moules sont remplis en plusieurs fois, mettons en six fois pour prendre un exemple à la limite extrême. Il suit de là que, si les caillés sont rajoutés d'heure en heure, la baquette du sixième caillé n'est exploitée que six heures après la première; il faut donc échelonner les mises en présure ou, si l'on veut diminuer le nombre des coulées et emprésurer tout le lait en une seule fois, faire varier les températures pour que la dernière baquette ne soit prise qu'au moment de son emploi. La durée de la coagulation normale est de deux à trois heures; on la prolonge quelquefois à tort, croyonsnous, jusqu'à cinq heures. On emprésure dans ce cas les premières baquettes à exploiter à 30 ou 31° (en hiver) et ces dernières à 29 ou 28°. On fait varier dans le même sens les quantités de présure dans des rapports de 17 à 18 pour les premières baquettes, à 16 ou 14 pour les dernières.

Pour ne pas prolonger la coagulation par des quantités trop faibles de présure et des températures trop basses, conditions dans lesquelles l'acidité du caillé devient trop grande, il vaut mieux retarder la mise en présure des dernières portions de lait : faire trois chauffes par exemple, de séries de deux baquettes, mais autant que possible avec le même lait. Pour cela, il est à conseiller de mélanger à la réception tous les laits dans une bassine unique : c'est une bonne précaution pour la régularité du travail. Dans l'emprésurage, il y a autre chose que la question de temps de caillement : il importe de tenir compte de la consistance des caillés. Si l'on fait trois séries d'emprésurage avec les baquettes :

1 et 2 ; 3 et 4 ; 5 et 6 les dernières, il est nécessaire de préparer dans 3 et 4 et surtout dans 5 et 6 des caillés un peu plus mous que dans 1 et 2. Le caillé de 1 et 2 doit être plus sec, parce qu'il a pour fonctions de supporter tous les autres et de drainer leur sérum.

Dans beaucoup de fromageries, on tend à restreindre le nombre d'emplissages. On ne prépare que trois ou même deux caillés; cette pratique nous semble meilleure, plus sûre et plus économique d'exécution.

Mise en présure. — Les baquettes, étant remplies d'une quantité connue de lait à une température déterminée, sont retirées de leurs cases pour la mise en présure. On choisira la présure parmi les meilleures marques du commerce, car la qualité du coagulant exerce une influence énorme sur les produits. La quantité de présure est dosée pour que la coagulation s'effectue en trois heures par exemple; on mesure cette quantité dans un vase gradué et non par cuillerées, ce qui est inexact, puis on dilue cette présure de 5 à 8 fois son volume d'eau très pure. On verse doucement dans le lait maintenu agité par un morceau en bois très propre, puis, le mélange intime étant obtenu, on réintègre la baquette dans sa case; on ferme les portes pour éviter tout refroidissement et on abandonne le tout au repos le plus absolu.

Pour faciliter les transports, chaque baquette est montée sur un chariot mobile que l'on construit au minimum de frais possible. Par exemple, on l'établit avec deux bouts de bois assemblés pour former un T et on plante verticalement dans ces traverses trois boulons revêtus de bois ou trois chevilles de bois pour retenir la baquette à fond arrondi. Au-dessous des traverses de bois, on monte des roulettes. De petits chariots tout en fer sont évidemment encore préférables.

Il faut bien avoir présent à l'esprit que l'emprésurage une fois fait ne saurait plus être corrigé. C'est la nature du caillé qui décide des organismes dont il sera le support; nous insistons encore une fois sur l'importance de toutes les opérations préalables que nous avons décrites, car, si le caillé est défectueux en quelque point, toute la fabrication s'en ressent, et le mal est absolument sans remède.

L'acidité du lait que l'on met en présure intervient probablement dans la séparation de la crème pendant la prise. Il ne faut pas que le lait soit trop acide, sans quoi la crème monterait trop vite, et s'il y a de la crème séparée au-dessus des baquettes, il est nécessaire de la recueillir et de la mettre à part, pour que la pâte des fromages reste homogène. Il est évident que si l'on retire ainsi beaucoup de crème, la qualité des fromages s'en ressent. C'est l'habileté du fromager d'apprécier le degré d'avancement de son lait pour avoir à séparer le moins de crème possible. Nous voyons que, dans ce même ordre d'idées, il convient de restreindre la durée de l'emprésurage à deux ou trois heures.

Fin de l'emprésurage. — *Mise en moule.* — La fin de l'emprésurage est assez facile à saisir avec un peu d'habitude : le caillé est blanc de porcelaine, tremblotant, et quand on enfonce légèrement le dos d'un doigt sur la surface, puis qu'on le retire, la marque du déplacement subsiste et la cavité s'emplit d'un sérum blanc verdâtre, le wei, exempt de grumeaux, si le caillé est bien réussi. On transporte la baquette à exploiter auprès de la table sur laquelle sont rangés et alignés les moules à camembert, et on procède au remplissage.

Les moules. — Les moules ont de 88 à 115 millimètres de diamètre; de 110 à 130 millimètres de hauteur; ordinairement, on les établit en fer-blanc de $\frac{8}{10}$ à un millimètre d'épaisseur; ils sont repercés d'un certain nombre de petits trous pour faciliter l'écoulement du wei. Ces moules doivent être toujours maintenus très propres; il faut les nettoyer après chaque opération, et pour cette opération, nous conseillons l'emploi de machines à laver que l'on trouve dans le commerce.

Après les lavages et l'essuyage, il n'est pas mauvais de laisser les moules sécher à l'air et de les vérifier souvent. Il convient d'envoyer à la réparation les moules dont l'étain s'est usé ou détaché. Si le fer est mis à nu, il est attaqué par l'acide lactique des caillés, et les fromages contractent un goût désagréable et parfois des colorations jaunâtres ou brunes.

Les tables à mouler. — Les moules sont disposés, dressés tangentiellement les uns aux autres sur des tables présentant une pente pour l'égout du wei. Dans beaucoup de fromageries, ces tables sont construites en bois, mais le bois s'éraille sous l'influence des moules et s'imprègne, malgré tous les soins, de mauvaises odeurs et de microbes dangereux. En somme, le bois à nu est coûteux; on trouve profit pour le protéger à le recouvrir de dalles de verre ou de lames de plomb ou de zinc. L'étain serait préférable si son prix n'était pas si élevé.

On peut construire des tables en fer supportant des dalles de verre épais. Le fer est bon à condition d'être entretenu très propre par des peintures fréquentes. On ménage au milieu de deux tables accolées une rigole pour la sortie du wei. Ce liquide se corrompt très vite; il faut s'efforcer de le faire disparaître de la fromagerie et de l'éloigner le plus vite possible.

Emplissage et égouttage. — Le caillé puisé dans les baquettes au moyen de larges cuillers étamées est coulé (sans être retourné) dans les moules que l'on

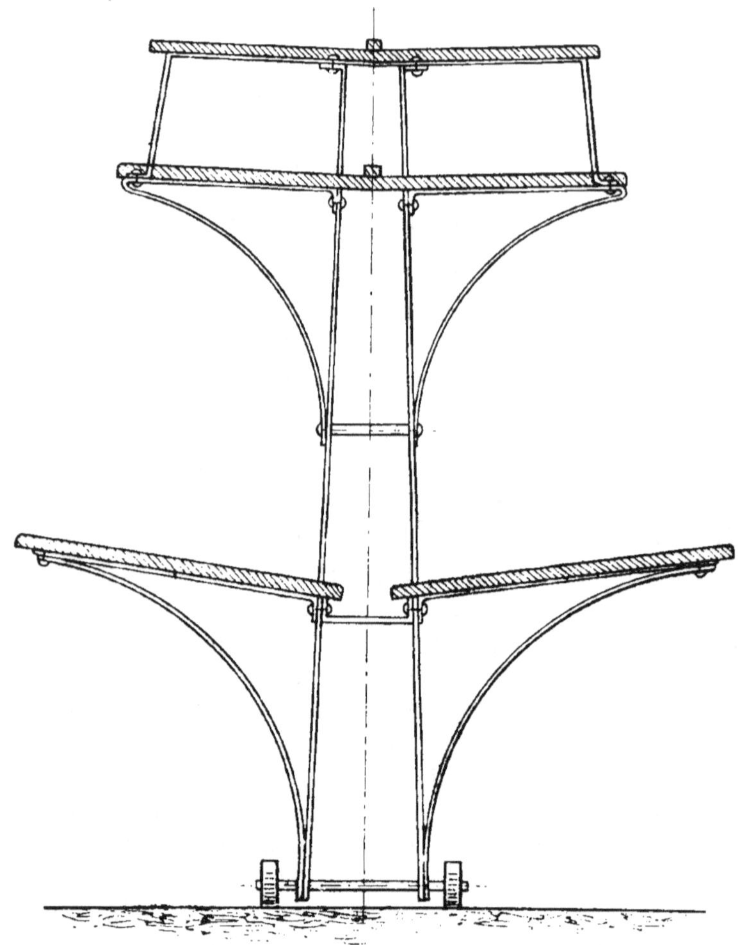

Table à mouler.

remplit; si l'on fait deux remplissages, on attend une heure ou deux et on remplit de nouveau, toujours avec la même précaution de ne pas retourner le caillé.

L'égouttage se fait spontanément, mais avec un succès
assez variable et dont il serait à désirer de connaître
les causes intimes. On sait seulement que cet égouttage est facilité par la chaleur; aussi convient-il de
garder dans la chambre de mise en moules une température de 17 à 18º. Mais un autre facteur au moins
intervient dans la circonstance, c'est l'acidité.

Cette question, fort intéressante pour la réussite de
la fabrication, a fait l'objet d'études fort ingénieuses
de la part de M. Guéraut-Godard. L'auteur a recherché les conditions du meilleur égouttage, il a étudié
l'acidité du wei qui s'égoutte et a constaté que cette
acidité va régulièrement en augmentant jusqu'à la
douzième ou quatorzième heure environ dans les caillés en bonne voie. Après quatorze ou quinze heures,
l'acidité reste à peu près constante. Il faut qu'un caillé
s'égoutte bien régulièrement et à fond, mais est-ce
bien l'acide qui agit? Non, car une addition d'acide
lactique à un caillé frais ne produit aucune action
heureuse. Ce n'est pas l'acide, c'est l'acidification.
C'est une réaction lente qui se produit sur la caséine
et qui est due à l'action des ferments lactiques.

De là l'importance d'un bon ensemencement préa-
lable. Mais que se passe-t-il au juste? Quels sont les
ferments qu'il convient de choisir? C'est ce que l'on
ne sait pas encore complètement.

Nous pensons, d'après les chiffres donnés par M. Guéraut, que l'acidité, qui débute (en acide lactique) à
9ª ou 10ª, monte presque proportionnellement au
temps, jusqu'à 45ª ou 50ª en douze ou quatorze heures,
au plus dix-huit heures. Elle se maintient ensuite
dans les environs de 50ª. C'est à ce moment que l'égouttage peut être considéré comme terminé. Il serait donc
d'autant mieux indiqué de pasteuriser le lait pour l'ensemencer ensuite seulement des ferments lactiques
favorables à l'égouttage en douze ou quatorze heures,
car on se rappellera qu'un caillé qui ne s'égoutte pas

bien donnera certainement des fromages défectueux. Quitte à mériter le reproche de nous répéter, nous redirons encore une fois que la fabrication dépend en majeure partie des opérations premières. Selon la qualité et la préparation du lait qui arrive pour être emprésuré, les fromages seront bons ou mauvais.

Si l'on pouvait stériliser le lait et l'ensemencer ensuite de ferments que l'on parviendrait bien à découvrir, le résultat serait meilleur. L'action de la chaleur est tellement désorganisatrice, que nous nous sommes vus obligés de nous limiter à une pasteurisation certainement insuffisante. Mais ne pourrait-on pas, ne devrait-on pas, en fromagerie, songer à la stérilisation par l'eau oxygénée? Le procédé est bon, d'une exécution facile, d'un emploi peu coûteux, et il est possible, après la réaction, de faire disparaître l'excès d'eau oxygénée par l'addition d'un sérum stérilisé préalablement. Ce serait alors non seulement l'égouttage, mais toute la fromagerie, qui marcherait bien mieux, car on ne procéderait plus que par cultures pures.

La salle de mise en moules. — Dans cette salle où l'on fait l'emprésurage et la mise en moules, les fermentations n'interviennent pas, mais il faut éviter toute contamination. Donc, la salle doit être dallée en pierres ou carreaux inattaquables, le sol bitumé convient parfaitement.

Les revêtements peuvent être en carreaux de faïence, les angles toujours arrondis pour que les lavages de tous les jours soient faciles et efficaces. On ménagera largement l'air et la lumière, et on disposera des tuyaux de vapeur ou de circulation d'eau froide pour, au moyen des uns ou des autres, arriver à entretenir la température bien constante dans les environs de 17 à 18°.

Le calcul des dimensions de cette salle se fait sans peine sur la donnée de lait à travailler. Les baquettes sont établies pour contenir de 60 à 100 litres de liquide, et on compte environ deux litres par camembert. On peut loger 50 à 54 moules au mètre carré, par conséquent déterminer la surface des tables à dresser. Enfin, il est bon de ménager de larges passages pour le roulement des chariots et pour que les nettoyages à grande eau soient bien faciles.

Le remplissage. — Les moules sont placés les uns à côté des autres, directement si la table est recouverte de plaques de verre strié. ou, autrement, on les fait reposer sur des clayons en baguettes de sapin, en paille résistante ou en jonc. Cette disposition est destinée à faciliter l'écoulement du sérum. Le travail doit être exécuté promptement, pour que le caillé ne se refroidisse pas sensiblement depuis le premier moule jusqu'au dernier. Une heure ou deux heures après, on procède au deuxième remplissage, et l'opération, commencée d'ordinaire le matin vers 9 ou 10 heures, doit être terminée vers 2 ou 3 heures. Les fromages s'égouttent spontanément, pendant la nuit ils prennent du corps, et le lendemain leur consistance est devenue assez ferme. On peut alors retourner les fromages dans le moule, que l'on renverse sens dessus dessous. Le fromage doit être bien replacé dans sa forme, et on pose les moules contenant ces fromages demi-secs sur des étagères construites au-dessus de la table à mouler et sur la surface desquelles sont encore des nattes ou des clayons de drainage. Cette disposition rend libre la table de dressage pour une autre opération. Inutile de dire que si l'on dispose d'une surface double de tables, on retourne les fromages en remettant les moules à leur place antérieure.

Dans ce retournement, on observe autour du fromage un petit bourrelet que l'on rogne au moment du démoulage. Après trente ou quarante heures, les fromages ont acquis une consistance suffisante pour qu'on puisse les démouler. On démoule le surlendemain du commencement du travail, et les fromages sont abandonnés à l'air libre, posés à plat sur des étagères au-dessus de la table à mouler; ils se ressuient, deviennent plus durs, et, après deux ou trois heures, on peut procéder au salage.

Tous les articles d'une fromagerie doivent être entretenus dans un méticuleux état de propreté. Les moules surtout ont besoin d'être bien nettoyés, car le caillé et le wei qui les souillent après le démoulage deviennent rapidement le siège de fermentations à odeurs mauvaises. Ces moules ou cliches, aussitôt après le démoulage, sont envoyés à la laverie. Dans beaucoup de fromageries, le lavage s'exécute en jetant toutes les cliches dans un vase contenant de l'eau chaude, puis ensuite en les reprenant une à une pour les laver à fond, les brasser et les essuyer.

Dans les ateliers modernes perfectionnés, on a établi des machines à laver les cliches et, par leur emploi, on économise du temps tout en exécutant bien mieux le travail de nettoyage.

L'appareil se compose d'une brosse circulaire à axe horizontal; son diamètre est un peu plus faible que celui des cliches, et elle est animée d'un rapide mouvement de rotation. En enfilant le moule sur cette brosse et en le maintenant immobile, car on le tient à la main, le nettoyage est rapidement fait en toutes les parties par la brosse rotative. On retourne le moule bout pour bout pour nettoyer l'autre côté. Mais, pendant cette opération, une autre brosse circulaire à ouverture intérieure enveloppe le moule; elle est, comme la première, animée d'un mouvement de rotation rapide et elle nettoie le moule au dehors pendant que l'autre brosse nettoie en dedans. Le nettoyage parfait de chaque cliche se fait en deux passes qui durent ensemble à peine une demi-minute. Cet appareil, dont l'action est aidée par une injection d'eau tiède, rend de grands services en fromagerie, et nous ne saurions trop en recommander l'emploi.

Le *salage,* qui se fait avec du sel sec, fin et bien pur,
a pour but de dessécher légèrement la croûte du fromage et de la rendre moins perméable, puis le sel agit
comme antiseptique, et c'est un rôle fort important.
L'atmosphère d'une laiterie est presque toujours d'une
extraordinaire richesse en germes de toute espèce, et
si le fromage n'était pas salé assez vite, il s'ensemen-
cerait en germes pathogènes; la maladie de la graisse
est celle qu'il contracterait le plus souvent, et elle est
grave. Le fromage malade devient presque liquide sur
les bords; il dégage une désagréable odeur de moisi,
et ces maux sont sans remède. Au contraire, si le sel
a été bien uniformément répandu sur la surface, si
nulle partie n'a échappé au salage, les bactéries ne
peuvent se développer, et c'est la moisissure qui prend
le dessus.

Cette opération du salage s'exécute en saupoudrant
d'abord les deux faces planes avec le sel sec et bien
égrugé; puis, saisissant le fromage entre le pouce et
l'index, l'ouvrière lui imprime un mouvement de rotation autour de son axe et saupoudre de sel, le tour
cylindrique; elle frotte le tout pour que toutes les
parties soient uniformément touchées. Il faut que ce
salage ne soit fait que quand les fromages sont déjà
assez secs; sans quoi ils prennent trop de sel, et le
goût trop salé qu'ils contractent est désagréable pour
le consommateur. Il y a donc un moment favorable à
saisir pour le salage. Ce moment est très court; il ne
dure guère qu'une heure ou deux, et il faut beaucoup
d'habileté et d'expérience pour arriver à le connaître
et à le saisir.

Haloir. — Une fois le salage opéré, les fromages sont
placés sur les cagettes ou cagets et montés à l'étage
supérieur où se trouve le haloir.

Les cagettes sur lesquelles on place les fromages sont
construites en paille de seigle ou en canne, ou bien
encore en petites baguettes de bois découpé. Les tiges

parallèles sont reliées les unes aux autres par des fils solides, ou du fil de fer galvanisé. Il convient d'espacer suffisamment les liens de fer, afin que les camemberts puissent être logés entre les liens, sans contact avec le métal. Ce petit plancher mobile qui reçoit les fromages doit être assez résistant pour supporter les lavages fréquents qui sont nécessaires quand les ferments semblent dévier.

Dans une fromagerie qui commence, il est indispensable d'ajouter au lait lui-même les germes du *penicillum* que l'on veut développer; mais, quand la fabrication est en marche courante, les germes de ce *penicillum* se trouvent partout dans les locaux, sur les murs, sur les tables, sur les cagettes en particulier; si l'on vient à placer de nouveaux fromages salés sur ces cagettes, l'ensemencement se fait par contact et dans les meilleures conditions. C'est un mode de propagation à recommander tant que les générations successives de *penicillum* sont bien pures. Mais parfois il y a dégénérescence, et c'est alors qu'il est indispensable de tout laver pour recommencer avec des cultures pures.

Nous avons vérifié au laboratoire de M. Lezé, à Grignon, que le *penicillum* se cultivait avec grande facilité sur du pain ou mieux sur du biscuit de troupe stérilisés. Il est donc très facile de reproduire en quantité des cultures de *penicillum*, de les délayer dans de l'eau récemment bouillie ou stérilisée et d'ensemencer de nouveau avec cette dilution les cagets préalablement lavés. On arrive aussi très bien en pulvérisant un peu de la dilution sur la surface des fromages. Nous avons dit que si le milieu (le caillé) est convenablement préparé, la propagation du *penicillum* se faisait très facilement sur toute la surface. Comme nous avons démontré que cette culture du *penicillum* avait en fromagerie une importance capitale, il faut tout mettre en œuvre pour la favoriser, et on doit avouer

que jusqu'à présent, même dans des fromageries diri-
gées par des personnes instruites et habiles, on est loin
d'avoir pris toutes les mesures nécessaires pour arriver à la réussite.

Le local ou *haloir*. — On range les fromages sur des
étagères garnies de cagets, et on attend. La plupart du
temps, autant dire toujours, on ne prend pas de précautions autres. Il est convenu que le haloir doit être
un local aéré et maintenu à une température d'environ 15° pour faciliter la pousse de la fleur. Mais, dans
la plupart des fromageries, les mesures utiles ne sont
prises que très approximativement. L'aération se fait
par des fenêtres que l'on ouvre à volonté, suivant
l'orientation des vents, et on s'y prend comme on peut
pour éviter l'accès des rayons de soleil; les fenêtres
sont, en outre, garnies de toiles métalliques pour
s'opposer à l'introduction des mouches. On redoute
aussi les souris, dont on se défend presque toujours
assez mal. En résumé, on n'adopte que des demi-me-
sures, et on ne doit pas s'étonner si, par suite de brouillards, de froids, de trop grande chaleur, d'accidents
fréquents quelconques, le succès est compromis.

Haloir clos. — Il faudrait, dans la fromagerie modèle dont nous nous occupons, établir le haloir dans
un local complètement clos et obscur. On se protégerait
donc facilement alors contre les accidents divers dont
nous venons de parler, mais il s'agirait de faire arriver dans ce local fermé de l'air en quantité suffisante,
à une température déterminée, à un état hygrométrique réglable suivant les besoins; enfin il paraît indispensable de disposer de moyens d'éclairage pour la
surveillance et les différents travaux.

Les cellules. — Nous posons presque en principe
l'utilité, sinon la nécessité de loger la fabrication de
chaque jour dans un haloir spécial; car, au début du
travail, quand les fromages arrivent, ils ont besoin
de moins d'air que lorsque le *penicillum* s'est dévelop-

loppé. Au début, il s'agit de faire partir la moisissure; on peut conserver la température un peu élevée, 15° environ, tandis qu'une température de 14°, de 13° même, est parfaitement suffisante quand la fleur s'est montrée.

Dans un local déterminé, on construira avec cloisons de briques et ciment des cellules pouvant contenir la fabrication d'une journée, leurs dimensions sont faciles à calculer. On prendra seulement les précautions de tenir largement les dimensions nécessaires en prévision d'agrandissement, puis, pour le présent, afin de faciliter les opérations de surveillance et de nettoyage. Nous conseillons d'aligner les cellules à droite et à gauche d'un large couloir central et de disposer des étagères mobiles sur roulettes; on roulera ces étagères hors des cellules, pour les manipulations et les nettoyages dans le couloir central, dont le sol sera, dans ces prévisions, bien dallé et cimenté pour être toujours entretenu dans un état de propreté parfaite.

Dans le travail ordinaire, une cellule, une fois chargée, devra être maintenue close jusqu'à la fin de la vie du *penicillum*. De temps en temps seulement, on pénétrera dans la cellule, si besoin est, pour vérifier la température, l'état hygrométrique et les produits en cours de fabrication. L'emploi de la lumière électrique est tout indiqué.

Avec cette organisation donc, plus de brouillards à incriminer, plus de mouches ou de souris à craindre, mais il faut songer à l'aération.

On doit installer dans chaque cellule un appareil à déplacement d'air, c'est-à-dire loger dans une boîte, en haut ou en bas de la salle, un ventilateur de toute petite dimension aspirant l'air en un point de la salle pour le rejeter au point opposé; tout cela pour empêcher les atmosphères stagnantes qui appellent les décompositions putrides. Ces tout petits ventilateurs peuvent être actionnés du dehors par le courant électrique général de la fromagerie.

De plus, on ménagera en un point de la cellule une toute petite arrivée d'air frais stérilisé, et, en un autre point opposé, on établira, si l'on veut, par un petit siphon, une légère sortie de l'air en excès. Comme la porte ne ferme jamais hermétiquement cependant, la sortie de l'air en excès se fait automatiquement.

Stérilisation de l'air injecté. — Nous adoptons en principe une machine à glace dans la fromagerie et nous la regardons comme indispensable. A l'aide du froid, rien de plus facile que de stériliser de l'air tout simplement en le refroidissant suffisamment pour que la rosée se dépose; elle entraîne avec elle tous les germes, et on a de l'air relativement très sec quand il est ramené à la température ambiante. On réglera son état hygrométrique dans la cellule, en le faisant passer à l'arrivée dans des boîtes contenant des linges trempant dans l'eau.

Il faut que tous les courants d'air soient très ménagés, très doux. Comme ils sont, du reste, toujours réglables à volonté, on arrivera par tâtonnement à les doser en vitesse et en humidité, de telle sorte que les fromages soient graduellement séchés, mais non durcis. Nous recommanderons de faire faire un certain parcours au tube d'air, dans la cellule, avant son arrivée dans la boîte humide, afin que l'air qui a été lancé dans les tubes froid et sec soit amené, avant sa sortie, à la température de la cellule.

Boîtes à humidifier. — Ce sont des boîtes métalliques partagées par des cloisons formant chicanes, à l'intérieur desquelles se trouvent tendues des toiles ruisselantes d'eau. En prenant l'air plus ou moins loin de l'entrée, on a un parcours de l'air sec, faible ou prolongé sur les toiles mouillées, et, par conséquent, plus ou moins d'humidité. Ce dosage de l'humidité permettra de prévenir bien des accidents de fabrication. Il arrive en effet quelquefois, vers la fin de l'été, que la moisissure ne se développe pas bien. C'est, comme l'a démontré M. Guéraut, une affaire d'état hygrométrique, et notre disposition type permet précisément de régler cet état hygrométrique et de fournir, si cela est utile à la moisissure, toute l'eau dont elle a besoin.

La température. — Le fromager doit être maître de sa température. Nous conseillons d'établir dans la fromagerie une canalisation générale d'eau à basse température, mettons 5 à 6°; cela est très facile, et on mettra les tuyaux à ailettes de cette canalisation sur le trajet des courants d'air. Puis, à côté et parallèlement, on établira aussi dans chaque cellule une petite canalisation de vapeur. Par conséquent, on arrivera à régler la température à volonté.

Toute cette installation, qui paraît fort compliquée, n'est pas grand'chose en somme, et, une fois établie, on n'a plus de temps en temps qu'à tourner un peu plus, un peu moins, deux ou trois robinets pour avoir à volonté une température déterminée : $T = 12°$ à $15°$; pour avoir un état hygrométrique voulu : $\varsigma =$ environ 90°, avec une agitation de l'air doucement entretenu.

Au surplus, on peut très bien loger tous ces tuyaux dans des boîtes demi-closes auprès du ventilateur, et c'est l'air que l'on refroidit ou que l'on réchauffe suivant les besoins qui va régler la température de la cellule; toutes les canalisations seront ainsi du dehors à la portée du fromager, et le thermomètre pourra être installé aussi pour être lu du dehors dans le couloir de circulation.

Pour refroidir l'air et le débarrasser en même temps des organismes qu'il peut tenir en suspension, puis des gaz dangereux, M. Ch. Lambert, ingénieur spécialiste dans les questions des applications du froid, propose une autre solution meilleure que celle que nous venons d'indiquer. Il s'agit de refroidir l'air : à cet effet, M. l'ingénieur Lambert injecte dans l'air à traiter de l'eau très froide envoyée par un pulvérisateur. Cette buée d'eau froide non seulement remplit le but indiqué, mais encore précipite tous les organismes et dissout les gaz solubles; l'excès d'eau s'écoule au dehors par un siphon. Par ce procédé, si on a pulvérisé dans l'air de l'eau à 5 ou 6°, on obtient de l'air pur saturé d'humidité à 7 ou 8° par exemple, et l'on n'est pas incommodé par les eaux de condensation dont nous parlions précédemment, par ces eaux impures, empestées et dangereuses, dont l'élimination est si difficile. M. Lambert complète encore ce procédé par une dernière disposition fort rationnelle et économique. L'air à purifier était, supposerons-nous, à la température de 15°, l'eau froide disponible à 5°, le mélange doit être, admettons, à 8° : on rétablit un échange de température entre l'air froid et l'air chaud pour utiliser au mieux la dépense en frigories : ainsi, dans notre cas des cellules de fromagerie, on puise de l'air extérieur à + 15°; on le refroidit à + 8° pour le purifier; puis enfin on doit le réchauffer à 12° ou 13°. On établit un échange de température, par des appareils connus, entre l'air qui passe de 15 à 8°, et celui qui est purifié et froid doit passer de 8° à 12°.

Dans la pratique, il est évident que c'est à ces procédés ingénieux que l'on aura recours de préférence, car les installations sont relativement peu coûteuses, et, sans nul doute, les résultats seront des plus satisfaisants. Nous pouvons donc admettre, qu'avec l'aide des méthodes imaginées par M. Lambert, on arrivera encore plus facilement qu'auparavant à régler la température en proportion de vapeur d'eau.

Combien facile et sûr sera le travail dans ces conditions : un coup d'œil dans la cellule, et, suivant l'aspect des fromages, on modifiera ou on conservera la température et l'état hygrométrique. Avec du froid, on modérera à volonté, on arrêterait presque la végétation !

Ce froid sera utile quand la végétation sera trop active, mais il faut se hâter de dire que si la moisissure se développe par trop; si le *penicillum* arrive à fructifier, ce qui se traduit aux yeux par des colorations vertes ou noires sur les fromages, ce n'est pas uniquement une affaire de trop haute température et qu'il faut songer à d'autres remèdes qu'au simple refroidissement. Il existe des organismes qui jouent le rôle de modérateurs vis-à-vis des moisissures : ce sont très probablement en premier lieu des saccharomycès.

Fermentation alcoolique. — Nous ne les avions pas signalés encore, car leur fonction ne nous paraît qu'un peu secondaire. Cependant, comme on les trouve toujours dans les fromages au haloir, on est conduit à penser qu'ils sont utiles. De fait, dans un haloir de bonne qualité, si les fromages se font d'une façon normale et satisfaisante, une fermentation alcoolique existe toujours, et l'odeur de l'alcool se perçoit nette et agréable, parfois on se croirait dans un atelier de fermentation. Si le lactose se détruit par les saccharomycès, le *penicillum* en souffre, et sa végétation se ralentit. Mais il y a plus : l'alcool produit dans ces conditions s'oxyde peut-être assez facilement, et l'acide acétique est, comme nous l'avons observé au laboratoire, absolument défavorable au *penicillum*. Si l'oxygénation est moins poussée, il se forme de l'aldéhyde qui a aussi une action paralysante; mais, dans ce cas, le fromage prend un goût caractéristique et désagréable. Lorsque la moisissure pousse trop activement, il arrive aussi qu'il se produit de l'ammoniaque par une attaque désorganisatrice profonde de la caséine. Dans ce cas, l'excès de caséine se liquéfie par dissolution, et l'on n'a plus que des squelettes de fromages : les surfaces sont épaisses et dures; mais, à l'intérieur, il n'y a plus qu'une pâte presque liquide. La valeur marchande de ces fromages est à peu près nulle.

Séjour au haloir. — Dans une fabrication normale, le *penicillum* commence à apparaître sur les fromages au bout de trois ou quatre jours; au bout d'un temps variable de dix à vingt jours, suivant la température, tous les fromages sont recouverts partout d'une belle végétation cryptogamique blanche ou à peine verdâtre. Il importe de la respecter, de ne pas trop toucher les fromages avec les doigts; on peut ne les retourner qu'une seule fois pendant leur séjour au séchoir, c'est quand la face exposée à l'air est bien recouverte de *penicillum*. La moisissure se propage ensuite très bien sur l'autre face auparavant en contact avec le caget et, cette fois, amenée à l'air à son tour.

Les ferments du rouge. — Les beaux camemberts ont une surface de couleur rouge ou jaunâtre, et ces colorations sont dues à des ferments. La coloration et la présence de ces ferments sont regardées comme des indices de bonne qualité. C'est un fait démontré en effet : les fromages rouges sont ordinairement très bons, mais on ne sait pas encore au juste si ces ferments sont utiles à quelque chose, en d'autres termes, s'ils sont indispensables dans une fabrication modèle en tous points. M. Mazé, de l'Institut Pasteur, regarde ces ferments comme fort utiles et conseille de les ensemencer. Nous transcrivons, sans la modifier, l'instruction qui est donnée à ce sujet au laboratoire de l'Institut Pasteur.

« Lorsque la moisissure commence à pointer sur les fromages, le moment est venu d'ensemencer les ferments du rouge. Ces ferments sont nombreux et se développent simultanément ou successivement à la surface du fromage et envahissent peu à peu la moisissure, qui semble se fondre en leur présence.

La température de 10-12° leur est plus favorable qu'à la moisissure, et, comme l'atmosphère de la cave est ammoniacale, le caillé devient rapidement alcalin, du moins dans les régions superficielles, ce qui leur constitue un terrain tout à fait favorable.

Les ferments du rouge doivent être ensemencés en masse : c'est une véritable culture qu'il faut plaquer sur les fromages, et ce sont les cagets qui portent ces cultures. Pour préparer ces cagets, il faut employer de la façon suivante la dilution de ferments préparée par l'Institut Pasteur.

Faire bouillir 20 litres de lait dans une marmite ou un seau munis d'un couvercle. Faire refroidir à 30° en plongeant le récipient dans de l'eau froide. Verser un litre de dilution, recouvrir, agiter et laisser la culture se développer pendant douze heures dans une pièce où la température est de 18-20° (salle d'emprésurage).

Au bout de ce temps, on y plonge la quantité voulue de cagets lavés à l'eau bouillante et séchés à haute température (60-70°) (sur un fourneau ou sur la cheminée d'un poêle, ou encore dans le four d'un fourneau de cuisine). On les y laisse une demi-heure (temps suffisant pour les imbiber) et on les en retire pour les porter à la cave sur des étagères propres, où on les dispose par tas de quatre à six. Au bout de trois jours, ils sont secs; on les enduit alors avec la pâte d'un fromage fait avec du lait pasteurisé, pris au séchoir, bien moisi, mais n'ayant pas encore été ensemencé de rouge. A la suite de cette opération, les cagets moisissent légèrement, puis se couvrent de rouge. A ce moment, on peut les utiliser pour ensemencer le « rouge ».

Le reste du lait qui a servi à imbiber les cagets doit être utilisé pour badigeonner les murs de la cave; mais si l'atmosphère est bien ammoniacale, cette précaution n'est pas nécessaire.

Les cagets, préparés comme on vient de l'indiquer, ne doivent pas sortir de la cave; ils peuvent être utilisés pendant un temps plus ou moins long, et l'on gardera de préférence ceux qui ont été en contact avec les fromages les mieux réussis. Quand le « rouge » ne prend pas bien ou change d'aspect, on renouvelle les cultures; on change les cagets et on nettoie les étagères quand les nouveaux cagets sont prêts. »

L'École américaine n'admet pas l'utilité de ces ferments, tandis qu'elle regarde comme indispensable l'*oïdium lactis* pour donner au fromage le bouquet recherché. Il est évident que si les fromages, sans rouge, sont aussi bons que les autres, si les ferments du rouge n'ont pas de rôle nettement indiqué, nettement utile, s'ils ne constituent qu'une parure ou une étiquette de qualité, on doit tendre à s'en passer. La fromagerie est déjà assez compliquée, assez délicate d'exécution, pour repousser toute manipulation superflue. La question reste à l'étude.

La cave. — Le développement des moisissures du genre *penicillum* a eu pour effet de dessécher superficiellement la croûte, de la durcir, de la rendre moins perméable; enfin de brûler l'acide lactique et de rendre le caillé alcalin. Quand le *penicillum* est bien développé partout, il importe d'arrêter sa végétation, sans quoi le fromage se dessécherait et se brûlerait par trop. Déjà, quand l'acide lactique s'épuise, la végétation se ralentit, mais la vie de la moisissure serait encore trop active; on l'arrête définitivement en transportant les fromages dans les caves d'affinage, c'est-à-dire dans des locaux à atmosphère plus confinée, alcaline par l'ammoniaque et à température plus basse que le séchoir. On met ces fromages sur les cagets ou planches au rouge et on les transporte dans des cellules d'affinage. Nous adoptons immédiatement en principe l'idée de réserver une cellule à part pour la fabrication d'une même journée, ou, autrement dit, à une cellule de haloir correspondra une cellule de la cave.

La température. — Les cellules disposées comme les

4 *

précédentes doivent être maintenues à 10 ou 12°, mais toutes peuvent, sans grand inconvénient, être toutes gardées à la même température. Un système de tempéreur unique suffit à la rigueur, il est le plus économique, le plus simple; mais évidemment on se trouvera encore mieux d'adopter pour les cellules de la cave le système de chauffage et de ventilation des cellules du séchoir. Avec ce procédé des cellules, on gouverne à volonté la fabrication, et, dans ce cas, il est facile d'arriver à sécher suffisamment les fromages avant leur introduction à la cave, dans les cellules du haloir ou ensuite dans les cellules mêmes de la cave. Ce séchage est utile pour arrêter définitivement le *penicillum*, pour le faire disparaître à jamais et permettre aux bactéries d'évoluer. Si, avant d'aborder le travail de la cave, nous voulons maintenant résumer en un tableau d'ensemble ce qui se passe au haloir, c'est-à-dire ce qui doit s'y passer et ce que l'on est à même d'exécuter seulement d'une façon complète dans le travail des cellules, voici ce que l'on obtiendra.

PHASE	TEMPÉRATURE	HUMIDITÉ	AÉRATION	BUT ET RÉSULTAT
N° 1	environ 15°	grande	peu active	Réveil du *Penicillum* en milieu acide.
N° 2	14° à 13°	moindre	un peu plus active	Développement du *Penicillum*. L'acidité diminue.
N° 3	13°	faible	active	Fin du *Penicillum* L'acidité a disparu, le milieu est alcalin, le fromage a pris de la consistance.

Si nous admettons 15 à 20 jours pour le travail au haloir

    la phase n° 1 doit durer à peu près   4 jours
    la phase n° 2   —   —   —   10 à 12 jours
    la phase n° 3   —   —   —   2 à 4 jours

Dans les installations de fromagerie très perfectionnées, mais conduites par les anciennes méthodes, on fractionne le travail; les phases 1 et 2 se passent dans un haloir, et la phase numéro 3 dans un local spécial qu'on appelle le séchoir.

Nous insistons sur l'importance de la ventilation dans cette opération. Si elle est insuffisante, les fromages ne se recouvrent pas de moisissures, parce que la plante végète avec trop de peine. Si la ventilation est trop active, il y a évaporation; les fromages sèchent trop, deviennent durs, la fabrication est perdue.

Travail à la cave. — Les préoccupations sont terminées, le travail à la cave ne présente plus aucune difficulté spéciale, le fromager n'a plus à intervenir, sinon pour retourner les fromages sens dessus dessous de temps à autre, afin de les faire mûrir également sur les deux faces. C'est une fermentation interne tranquille qui se passe normalement. Il faut éviter, par conséquent, de trop aérer les caves, car le courant d'air n'aurait pour effet que de dessécher les surfaces et de faire perdre de la qualité et du poids. La fermentation qui se développe à la cave est encore peu connue, les ferments utiles n'ont pas été isolés d'une façon certaine. Ce qui paraît probable, c'est que les ferments anaérobies qui travaillent à ce moment sont en partie du genre *tyrothrix* signalé et étudié par Duclaux. Lorsque les fromages ont été apportés à la cave, ils présentaient en coupe une structure uniforme; leur pâte était homogène. Mais bientôt cette structure se modifie, les ferments peptonisent la masse, transforment la caséine insoluble en une substance voisine, la caséone, qui est soluble, et cette modification, cette maturation, procède de l'extérieur vers l'intérieur. Elle est visible : si on coupe par l'axe un fromage en voie de maturation, on voit que les parties voisines des surfaces sont devenues jaunâtres et coulantes, tandis que l'intérieur, encore inattaqué, a conservé la couleur blanchâtre et l'insolubilité de la caséine.

Il faut croire que le *penicillum* a légué quelques toxines ou quelques diastases à ces ferments, car la maturation commence d'abord près des endroits habités autrefois par le *penicillum;* c'est la moisissure qui a préparé le milieu. À la cave, on récolte ce que l'on a semé, et le résultat est bon ou mauvais suivant que le milieu a été préparé plus ou moins heureusement.

C'est ici, comme dans maintes circonstances, le milieu qui détermine la vie de l'organisme existant ou ensemencé, et nous retrouvons encore en passant une nouvelle et dernière preuve de l'énorme importance des premières opérations. Si le terrain est mal préparé, la récolte sera inévitablement mauvaise, et il n'y a plus guère dans la cave de remède à apporter à un mauvais état de chose. Tout ce que l'on peut faire, c'est de favoriser la maturation par des moyens que la pratique a enseignés et fait reconnaître comme efficaces.

1º L'aération est à ménager dans la cave, et peut-être une légère dose d'ammoniaque dans l'atmosphère est-elle favorable. En tout cas, si l'ammoniaque ne se produit pas en quantité suffisante par la fermentation, rien de plus facile que d'en ajouter un peu à l'air de la cellule. On modère l'aération des ventilateurs, et, en outre, on place les fromages à plat sur des planches; une des faces est donc soustraite temporairement à l'action de l'air.

2º La température doit être assez basse, sans quoi les fromages seraient exposés à couler : 12 ou 13º représentent la température convenable. En hiver, on est obligé de chauffer un peu. Dans notre système de cellules, ce chauffage devient on ne peut plus simple; on trouverait à le simplifier encore en chauffant toute la cave, car le travail est identique dans toutes les cellules. A la rigueur, on pourrait donc adopter une cave unique, mais nous pensons cependant qu'il y a avantage à conserver des compartiments dans lesquels on parviendra à régler l'air et la chaleur toujours inégalement répartis dans un grand local. Dans un grand local, il y a des places dans lesquelles les fromages se font plus ou moins vite, parce qu'ils reçoivent plus ou moins d'air et sont plus ou moins chauffés; de semblables inégalités sont à éviter si possible. Quant à l'état hygrométrique, il est à conseiller de le maintenir assez élevé pour éviter une dessiccation des fromages. Ceux-ci sont le siège d'une fermentation assez active qui dégage de la chaleur et en conséquence de la vapeur d'eau.

Il convient de restreindre cette perte dernière et, pour cela, de conserver l'atmosphère assez humide. Par contre, trop d'humidité exposerait les fromages à couler : il y a là un degré convenable à atteindre; l'habitude, la pratique, peuvent seules conduire à le déterminer.

Maturation.

A quelle époque convient-il de retirer les fromages de la cave pour les mettre en vente? La réponse reste assez vague, assez indécise, car il y a deux choses à considérer : la maturation au point de vue chimique, et la maturation selon le goût du consommateur.

Maturation théorique. — Lorsque tout le caillé primitivement blanc est devenu uniformément jaunâtre et coulant, le fromage peut être considéré comme mûr, mais la pâte est le siège de changements nécessaires qui se traduisent par des modifications continuelles de la composition chimique, de sorte qu'aucun point précis ne saurait être assigné pour un arrêt de préparation. Pendant toute la caséification, le rapport de l'azote soluble dosé dans un fromage à l'azote total de la même pièce va en augmentant jusqu'à un maximum. Est-ce à ce maximum qu'il convient de s'arrêter? On ne sait trop. Le rapport de l'azote ammoniacal à l'azote total va en augmentant, mais sans suivre la même allure que le précédent, et, dans la pratique, on consomme toujours les fromages avant d'avoir pu discerner un maximum dans ce dernier rapport. L'odeur et le goût de l'ammoniaque se prononcent de plus en plus dans les vieux fromages, et un camembert n'est plus acceptable quand il a l'odeur d'un livarot. Quand il est trop avancé, et que l'ammoniaque s'est développée en abondance, le fromage coule ou devient dur comme du bois; il n'est plus marchand. Donc, en somme, l'analyse chimique n'apprend pas grand'chose, et c'est le goût du consommateur qui doit plutôt décider.

En général, on peut dire que l'on tend à préférer aujourd'hui les fromages jeunes de maturation, et comme les phénomènes s'accélèrent surtout si la température est un peu élevée, au printemps et à l'automne il vaut mieux envoyer les fromages aux négociants revendeurs avant que la maturation soit prononcée. C'est ainsi, par exemple, que vers l'automne, par la chaleur, on ne cave pas du tout les fromages. On les envoie à leur sortie du séchoir; la maturation se continue en cours de route, et les cavistes revendeurs peuvent livrer ces fromages presque immédiatement, quoiqu'ils soient à peine terminés. Selon les saisons, les demandes, on envoie les fromages après cinq, dix ou vingt jours de cave, et les revendeurs ont chez eux des caves dans lesquelles ils achèvent sur place la maturation et la conduisent jusqu'au point demandé par les clients.

La conduite des caves chez le revendeur demande

du soin et de l'attention; elle est plus difficile qu'en fromagerie, parce que l'on ne dispose pas ordinairement des mêmes appareils et de ressources appropriées.

En particulier, souvent, chez les cavistes, les fromages tendent à durcir parce que l'humidité de la cave est insuffisante; on remédie (très mal à la vérité) à ce danger en construisant des caves très petites, presque closes; mais, dans ces atmosphères confinées, des fermentations putrides peuvent prendre naissance, et les fromages contractent de mauvaises odeurs, et, en particulier, celle de moisi; souvent aussi, ils sont exposés à couler.

Disposition des étagères. — Les fromages dans le haloir et dans la cave sont posés sur des planches ou sur des supports parallèles; l'ensemble forme des étagères dont on doit tout d'abord calculer la surface en vue de la fabrication à effectuer. Les étagères peuvent être construites en bois blanc ou en fer, et elles supportent des planches pleines dans la cave ou à claire-voie dans le haloir. Les surfaces, quelles qu'elles soient, sur lesquelles sont posés les fromages, doivent être d'un nettoyage très facile. A cet effet, deux dispositions sont à conseiller : 1° par exemple, on peut disposer des étagères entièrement mobiles, soit glissant sur des supports au plafond, soit sur des roulettes sur le sol. Si l'on adopte ces dispositions, il faut, pour les nettoyages, sortir les étagères dans un couloir et disposer alors les cellules de part et d'autre de ce couloir central; 2° ou autrement établir des étagères fixes ou du moins ne devant être déplacées qu'une fois par an, deux fois au plus pour les grands nettoyages, et disposer les supports en *tiroirs* sur ces étagères; les supports coulissent entre deux appuis, et on enlève ces supports par bouts d'un mètre ou de deux mètres. Cette disposition est très bonne, le nettoyage des supports très facile, et le remontage ne

donne aucune peine si tous ces tiroirs sont bien inter-
changeables. Supposons donc des planches supports
et calculons maintenant les surfaces à réserver.

Calcul de l'espace nécessaire. — 1º Pour les fromages;
2º pour les étagères.

Espace pour les fromages. — Admettons des tiroirs
d'un mètre de large. On peut loger en profondeur
4 fromages ou 6; on a, suivant les cas, des tiroirs
de 55 centimètres jusqu'à 90 centimètres environ. Le
nombre de 6 fromages est assez acceptable; on dimi-
nue les frais d'établissement en augmentant le nombre des fromages, et, à 6, la manipulation reste encore
très praticable. Nous pouvons donc loger par mètre
carré de tiroir 7 fromages de 12 centimètres en long,
6 en profondeur, soit 42 fromages par tiroir mobile.
Les étagères sont doubles; les planches parallèles sont
espacées les unes des autres de 12 à 15 centimètres;
20 centimètres nous paraît exagéré. Il est évident que
si, dans quelques haloirs ou séchoirs, on a adopté des
espacements de 20 à 25 centimètres même, c'est pour
avoir plus d'air. Avec notre système d'aération, cette
préoccupation disparaît, et on peut admettre 12 centimètres. Nous compterons 15 planches verticalement,
dans des cellules de 2ᵐ,60 sous plafond.

Récapitulons maintenant :

Étagère double. Par mèt. courant $2 \times 42 =$ 84 fromages.
  15 planches 15×84 $= 1.260$ —

Admettons dans une cellule des étagères de 2 mètres
de long.

C'est par cellule. . . . . . 2.520 fromages.

Par conséquent, avec deux étagères, on aura l'espace nécessaire pour loger la fabrication de 5.000 camemberts par jour. Pour le service, il faut pouvoir

tirer les tiroirs et conserver encore la place d'une personne pour la manœuvre.

Nous avons alors pour les dimensions d'une cellule

Un espace	1^m,60
Une étagère	2^m soit 9^m,20.
Un espace central 2 m. (la moitié)	1^m
	4^m,60

En adoptant deux étagères, par chambre, on parviendrait à réduire notablement cette longueur. Il
suffirait en effet pour deux étagères d'un seul espace
de manœuvre : en l'évaluant à 2 mètres, la longueur
totale pour deux étagères et 5.000 camemberts ne
serait plus que de 2 mètres + 2 + 2 mètres
= 6 mètres.

Largeur de la cellule. — Les étagères ont 2 mètres de
longueur utile, admettons 20 centimètres en plus pour
les montants 2 m,20
plus deux passages de 0 m,50 1 m
3 m,20

Le service entre deux étagères se fait souvent par
des échelles, mais il doit être entendu que jamais les
ouvriers des caves ou des haloirs ne doivent entrer
dans ces salles autrement qu'avec des chaussures spéciales; il n'y a plus à redouter la poussière ou la boue.
Dans ce cas, au lieu de l'échelle, qui est encombrante,
on peut se contenter de dresser d'étagère à étagère ou
d'étagère à mur, des planchers de fortune composés
de deux petits fers sur lesquels repose une planche à
plat que l'on a soin d'attacher pour éviter les mouve-
ments de bascule. Toutes ces dispositions sont, du
reste, à étudier dans chaque cas particulier; on adop-
tera tel ou tel aménagement suivant les circonstances.
Tout ce que nous dirons, c'est que si l'espace ne doit

pas être trop ménagé, il faudra plutôt donner de l'air, adopter de larges intervalles d'étagère à étagère, écarter les planches même, car, dans le haloir et le séchoir surtout, cette aération est bienfaisante. Dans des fromageries trop resserrées, là où manque l'oxygène, les fermentations putrides apparaissent assez souvent; puis, comme les nettoyages sont plus difficiles, on les néglige, et les surveillants ont plus de peine à découvrir et à relever les manques de soin.

Rendements. — On fabrique des camemberts et des demi-camemberts.

Dans les fromageries réputées, on fabrique avec du lait complet. Dans celles qui ferment jalousement leur portes aux visiteurs, sous prétexte de secrets de fabrication, il est à présumer que ce que l'on désire surtout empêcher de voir c'est l'écrémage, c'est la fabrication du beurre. Le proverbe qui dit qu'on ne peut pas tirer deux moutures du même sac est éternellement vrai; ce qui, dans la circonstance, signifie que si l'on veut fabriquer du bon camembert, il faut traiter le lait avec toute sa crème, et c'est sur le lait complet que nous allons tenter d'évaluer les rendements et d'estimer quelque peu les prix de revient et les bénéfices. Ces évaluations n'ont évidemment rien d'absolu.

On peut espérer retirer du lait   par kilogramme environ   180 grammes de caillé humide correspondant à   150   —   —   sec ou plutôt de Camembert fabriqué.

Comme un camembert pèse à peu près 300 grammes, on voit qu'il faut environ deux litres de lait pour l'obtenir.

Nous avons relevé, dans une comptabilité de fromagerie, les frais divers de fabrication; nous les donnons à titre d'indication : ils datent de cinq à six ans.

DÉPENSES		RECETTES	
Frais généraux	39.000 francs	Fromages	365.000 francs
Lait	228.000 —	Porcs	61.000 —
Achats divers, boîtes, etc.	83.000 —	Divers	4.000 —
Main-d'œuvre	20.000 —		430.000 francs
Divers	27.000 —		
Bénéfice	33.000 —		
	430.000 francs		

Nous voyons donc que, dans une fromagerie, le lait figure pour à peu près 57 à 60 pour 100 des dépenses environ.

Les frais généraux : 10 pour 100 ;

La main-d'œuvre : 5 pour 100 ;

Les achats divers, qui correspondent à 20 pour 100, se rapportent au charbon, présure, boîtes d'emballages, sel, etc ; ces frais sont, comme on le voit, assez considérables : 20 pour 100 !

La fromagerie qui nous a fourni ces chiffres peut compter parmi les bonnes fabrications ; le lait n'y est pas écrémé. Pour 365.000 francs de fromage, on n'a fabriqué que pour 12.000 francs de beurre, ce qui prouve qu'on n'a fabriqué du beurre qu'avec des excédents ou des laits acides, c'est-à-dire, en résumé, accidentellement. Dans cette usine, le prix de revient du camembert, en lait, a été de 0 fr. 34, 0 fr. 17 par litre de lait ; le prix de vente moyen de 0 fr. 49. Le bénéfice brut ressort donc à 0 fr. 075 par litre de lait travaillé. En réalité, tous frais déduits, on gagnerait ici environ 0 fr. 05 par camembert.

Si l'on simplifie un peu toutes ces écritures pour obtenir un résumé plus parlant, on peut dire que, en hiver, le camembert revient à :

0 fr. 30	Pour 2 litres de lait ;
0 04	Frais de fabrication ;
0 06	Transport, emballages, escompte ;
0 05	Frais divers.
0 fr. 45	

Un bon camembert se vend aux Halles de Paris 0 fr. 49 à 0 fr. 50.

D'où bénéfice de 0 fr. 04 à 0 fr. 05 par pièce.

En été, la fabrication est absolument désastreuse ; il serait à désirer de pouvoir la supprimer. Si l'on a une beurrerie dans la fromagerie, on trouverait souvent plus de bénéfice à laisser le fromage pour fabriquer du beurre, et, comme la vente du beurre est assez mauvaise aussi pendant l'été, on fabriquerait du beurre que l'on conserverait par le froid ou que l'on fondrait pour en séparer la matière grasse. Dans l'hiver, au moment des prix élevés, on reconstituerait le beurre en réémulsionnant la matière grasse avec du lait un peu acidifié.

On a songé aussi, pour l'été, à la fabrication de la poudre de lait ; la fabrication de ce produit laisse souvent à désirer en quelques points, mais il est évident que, si elle était irréprochable, la poudre de lait trouverait un écoulement et serait utilement préparée dans une fromagerie au moment de la période estivale.

Disposition générale d'une fromagerie de camembert. — Il faut poser en principe tout d'abord que la fromagerie doit être établie auprès d'une route et d'un cours d'eau, puis que, par la rivière ou un puits, elle soit assurée d'eau de bonne qualité et en abondance. Il est presque superflu d'ajouter que l'on devra se préoccuper de la proximité d'une gare pour les arrivages et les expéditions, se placer dans un endroit sain, à l'abri des poussières et des mauvaises odeurs. Il sera nécessaire d'étudier aussi la race des vaches de la région ; le lait à travailler ne doit être ni trop riche, ni trop pauvre; une richesse moyenne de 40 à 41 grammes de matière grasse par litre est celle qui convient. Il faut s'installer de façon à fabriquer économiquement des produits de toute première qualité, et, à cet effet, étudier de très près l'installation générale des différents ateliers : c'est cette étude que nous allons aborder.

Projet d'une grande fromagerie pouvant fabriquer environ 6.000 camemberts par jour.

M. Lezé, ingénieur.

Aperçu général. — Le plan que nous proposons, étudié par M. Lezé, comprend un bâtiment principal composé de deux ailes en équerre : c'est le bâtiment de la fromagerie proprement dite. A gauche, dans des hangars construits à peu de frais, nous logeons quelques services accessoires ou auxiliaires. Puis, parallèlement à une des branches de l'équerre, nous disposons les bureaux, le laboratoire et la salle des expéditions. Entre les deux bâtiments parallèles, est une vaste cour à utiliser suivant les besoins.

I. — Rez-de-chaussée. — *Réception du lait.* — Elle se fait dans une grande salle où se trouve une bascule pour prendre le poids du lait en charge. Le lait coulé dans un bassin est monté par une pompe au premier étage; les bidons vides sont aussitôt envoyés à la laverie et repris par les voitures qui retournent au ramassage. Si la fromagerie ne peut consommer tout le lait apporté, l'excédent est envoyé à une beurrerie adossée à la livraison.

C'est dans cette aile de bâtiment que nous logeons les machines : machine à glace, moteur général et les dynamos. Dans notre idée, les différents ateliers seront desservis par des dynamos réceptrices; les monte-charges, par exemple, auront chacun leur moteur électrique indépendant.

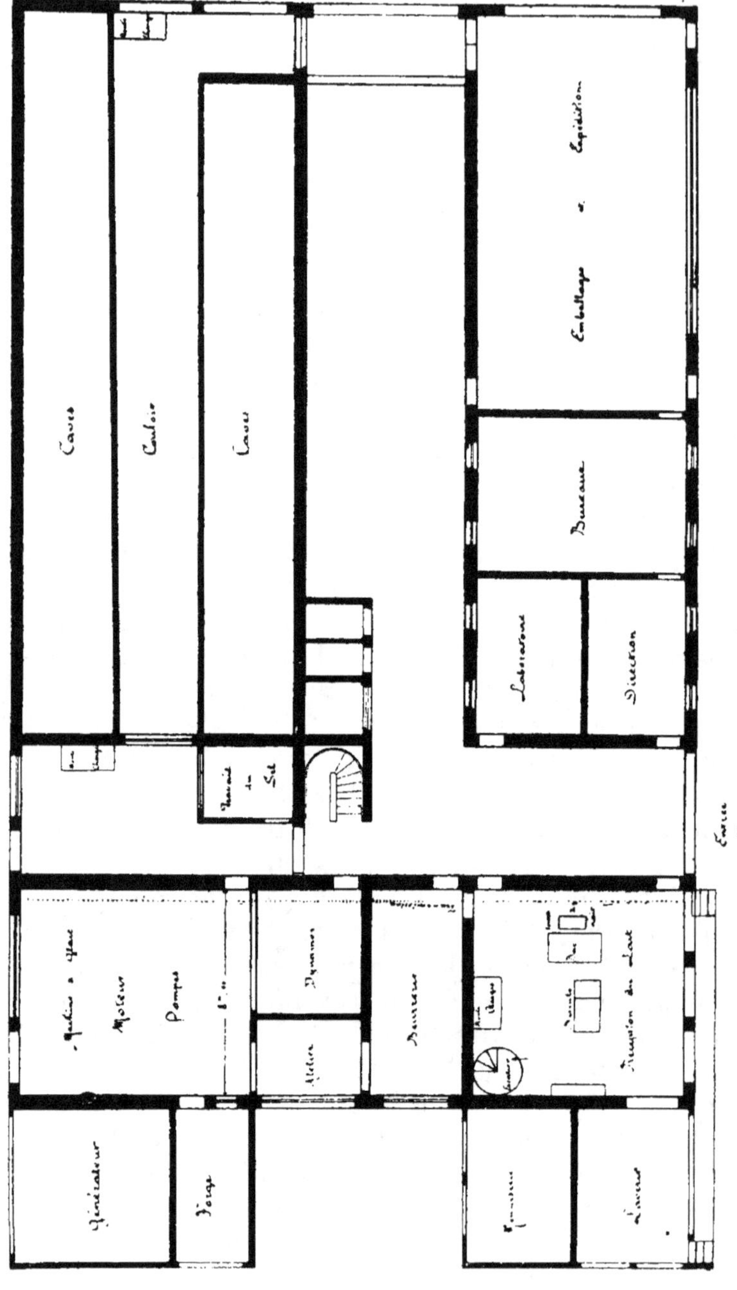

Fromagerie de camembert (rez-de-chaussée).

Dans la grande aile perpendiculaire sont les chambres de maturation; au rez-de-chaussée, ce sont les caves construites au niveau du sol et non enterrées.

Bâtiments annexes. — Nous trouvons dans les bâtiments annexes les hangars du générateur et de la forge, puis de la laverie et de la menuiserie.

Enfin, parallèlement aux caves, des bâtiments légers dans lesquels on installera les bureaux et la salle des emballages; au besoin, ces bâtiments seront surmontés de greniers pour loger les paniers et les caisses de bois.

Dans la cour est un grand escalier conduisant au premier étage.

II.— Premier étage. — Il est exclusivement réservé à la fromagerie. Dans l'aile perpendiculaire à la route est la grande salle de mise en moules. Elle se subdivise en deux : tout d'abord, directement au-dessus de la salle de réception, nous ménageons une chambre dans laquelle on disposera les premiers appareils de traitement du lait, savoir : un bac de réception avec tropplein, un filtre, un pasteurisateur suivi d'un réfrigérant. Tous ces appareils seront en charge les uns sur les autres, afin d'éviter toutes pompes ou appareils de transport. Dans cette chambre aboutissent des conduits d'eau : eau chaude, eau froide, venant d'un grenier supérieur. Le lait amené à la température voulue pour la coagulation est envoyé dans la salle de mise en moules, où on le recevra dans les bassines à présure. La grande salle est éclairée par une grande baie et par le toit; elle est chauffée par de la vapeur issue du générateur à proximité; les moules, les ustensiles divers circulent par leur monte-charges pour aller à la laverie.

Avec cette disposition, personne n'entre dans la fromagerie; nous pensons qu'il en résulte un avantage sérieux, non point qu'il existe quelques mystères ou tours de main que des visiteurs s'assimileraient dans

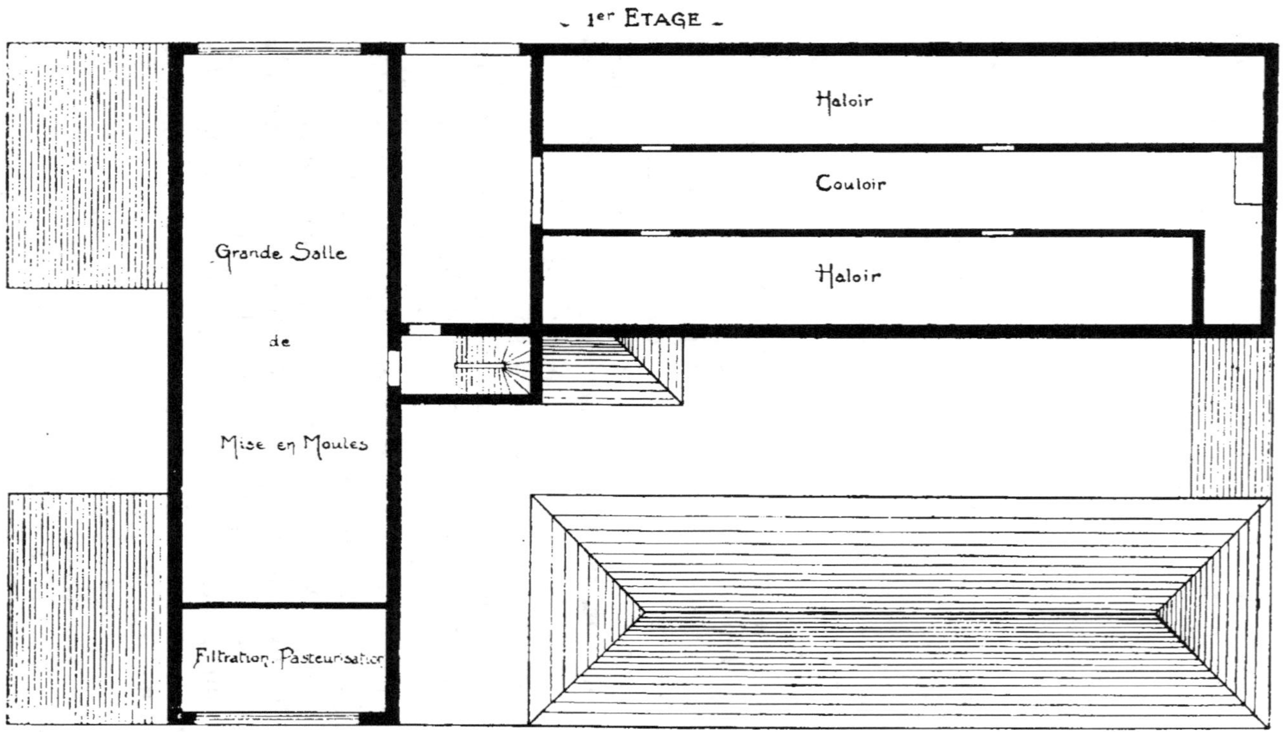

Fromagerie de camembert (1er étage).

un examen rapide ; les mystères n'existent que dans l'imagination de quelques fabricants arriérés, mais nous pensons que les visites trop fréquentes, trop faciles si les locaux s'y prêtent, dérangent toujours les ouvriers de leur travail. C'est au moment de la mise en moules que les manipulations exigent des soins et de l'attention ; il faut que le chef des travaux veille à l'acidité de son lait, aux températures du lait et de la salle, à la mise en présure, au salage.

Les visiteurs sont importuns dans ce local, et, dans une salle isolée au premier étage, toutes les opérations diverses seront beaucoup mieux exécutées dans le calme et l'attention qu'elles comportent. Le premier étage est ainsi entièrement consacré à la fromagerie, et le travail du sel se fait sur le palier d'accès devant la porte d'entrée du haloir.

Le haloir sera monté au-dessus des caves dans le grand bâtiment parallèle à la route ; on lui donnera un ou deux étages suivant l'importance croissante prévue pour la fabrication. Nous pensons disposer les cellules closes de part et d'autre d'un large couloir central. Avec ces cellules, l'éclairage électrique prend une certaine importance ; on fera bien de ménager dans la cour intérieure une petite construction légère pour abriter des accumulateurs.

Dans cette disposition générale, nous ne trouvons pas de fausses manœuvres : le lait à l'arrivée, les fromages à la sortie passent devant les bureaux ; la surveillance est donc facile et constante. Tous les services peuvent être agrandis indépendamment les uns des autres et sans troubler l'harmonie générale de l'ensemble réalisé au minimum de dépenses.

Nous avons prévu un laboratoire dans notre projet : c'est que nous regardons la présence d'un chimiste expérimenté comme indispensable. Si un industriel hardi et intelligent consent à faire les frais de l'établissement d'une fromagerie de ce genre, il faut que le travail soit contrôlé et réglé d'une façon scientifique; que rien ne soit plus laissé aux hasards des brouillards ou de la température. Le chimiste sera aussi utile, lors de l'arrivée du lait, pour contrôler la valeur de la marchandise livrée, qu'au cours de la fabrication, où une erreur ou une négligence peuvent avoir de si funestes résultats.

Une fromagerie livrant 6.000 camemberts par jour comporte un fonds de roulement quotidien de plus de 2.000 francs; en face de ce chiffre, les appointements d'un chimiste et les menus frais de laboratoire sont bien peu de chose, et le chimiste nous paraît éminemment utile : nous estimons sa surveillance et son contrôle incessant aussi indispensables que la tenue des livres, pour une bonne marche de l'affaire.

Utilisation des sous-produits

Dans la fromagerie, le principal déchet est le lait d'égouttage des fromages, que nous avons dénommé sérum ou wei. Ce wei n'a pas grande valeur : c'est une dissolution de lactose déjà très acide et qui ne contient, à part le sucre de lait et l'acide lactique, qu'un peu de matières minérales, de faibles quantités de matières organiques (peu de matières albuminoïdes entr'autres), et enfin quelques globules gras.

Voici une analyse de ce lait d'égout exécutée par Rolet :

Acidité du wei	21^a	
Matière grasse	2.90	par litre.
Lactose	53.10	
Matières azotées	9.00	
Matières minérales	5.80	
	70.80	

On donne ce wei à des porcs; on ferait presque aussi bien de le jeter, car, en réalité, ce liquide contient fort peu de matières alimentaires. Si les fermentations lactiques ont été bien déterminées par de bons ferments lactiques sélectionnés, l'acidité n'est pas nuisible ; mais, si l'on n'a pas suivi toutes les précautions que nous avons indiquées, si la fermentation est celle qui se produit naturellement sous l'influence des germes apportés par le lait ou de ceux de la présure, le wei peut être fort dangereux, et les épizooties que l'on a parfois à déplorer n'ont souvent pas d'autre origine. Ce liquide est, dans tous les cas, extrêmement altérable ; il est en voie de très active fermentation et il ne tarde pas à dégager des odeurs absolument infectes. Il faut donc s'en débarrasser le plus tôt possible. Dans les cas assez rares où tous les voisins ne formulent aucune plainte, on fait écouler à la rivière les différentes eaux d'égout et surtout les eaux de lavage des moules, des toiles ou torchons et des ustensiles divers.

Si l'on a à redouter quelques observations ou des procès, on doit dénaturer et filtrer ces eaux ; on y parvient sans peine au moyen de sulfate de fer (vitriol vert). On commence par alcaliniser les eaux au moyen de la chaux éteinte, puis on ajoute du sulfate de fer. La réaction est instantanée, la précipitation immédiate et bien nette ; le liquide surnageant, le dépôt est d'une magnifique limpidité. Il n'y a dès lors nul inconvénient à l'écouler à la rivière. Quant au dépôt, il a bien peu de valeur. En le desséchant, on en ferait un engrais ou on pourrait peut-être l'utiliser pour la préparation de cyanures (?) Cette dernière application reste à étudier.

INSTALLATION D'UNE PURIFICATION DES EAUX DE FROMAGERIE

Nous donnons ci-contre le croquis d'une installation d'épuration ; cette étude est due à M. Lezé.

Voici d'abord le principe de cette purification : on

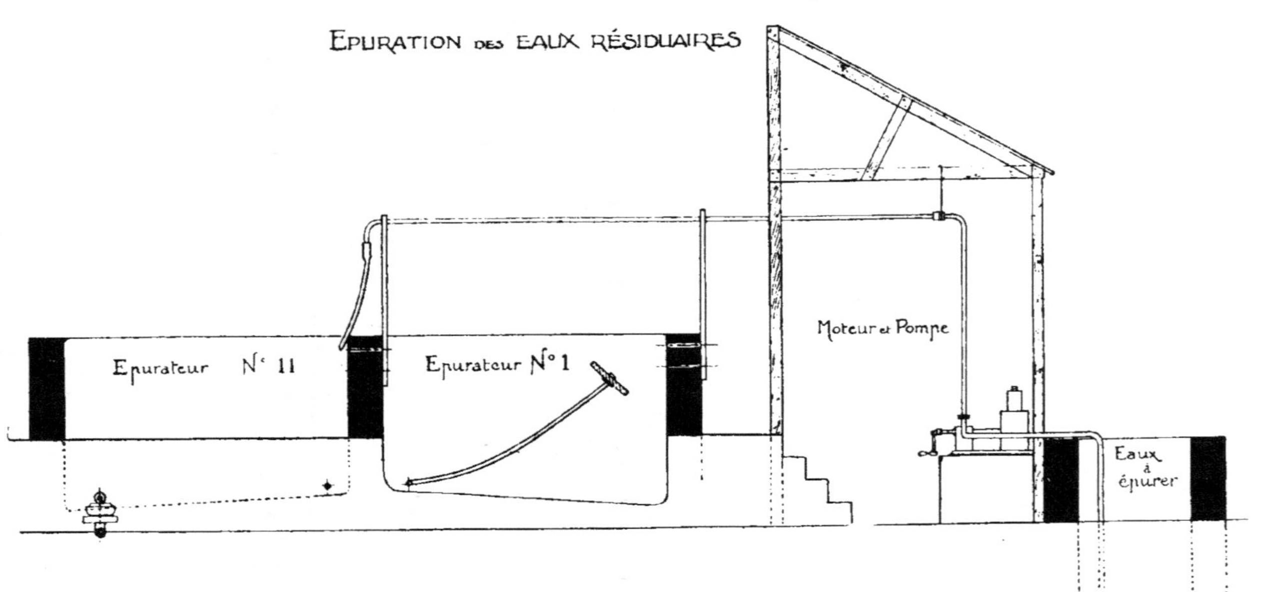

EPURATION des EAUX RÉSIDUAIRES
Epurateur N° 11
Epurateur N° 1
Moteur et Pompe
Eaux à épurer

commence par chauler les eaux jusqu'à alcalinité, puis

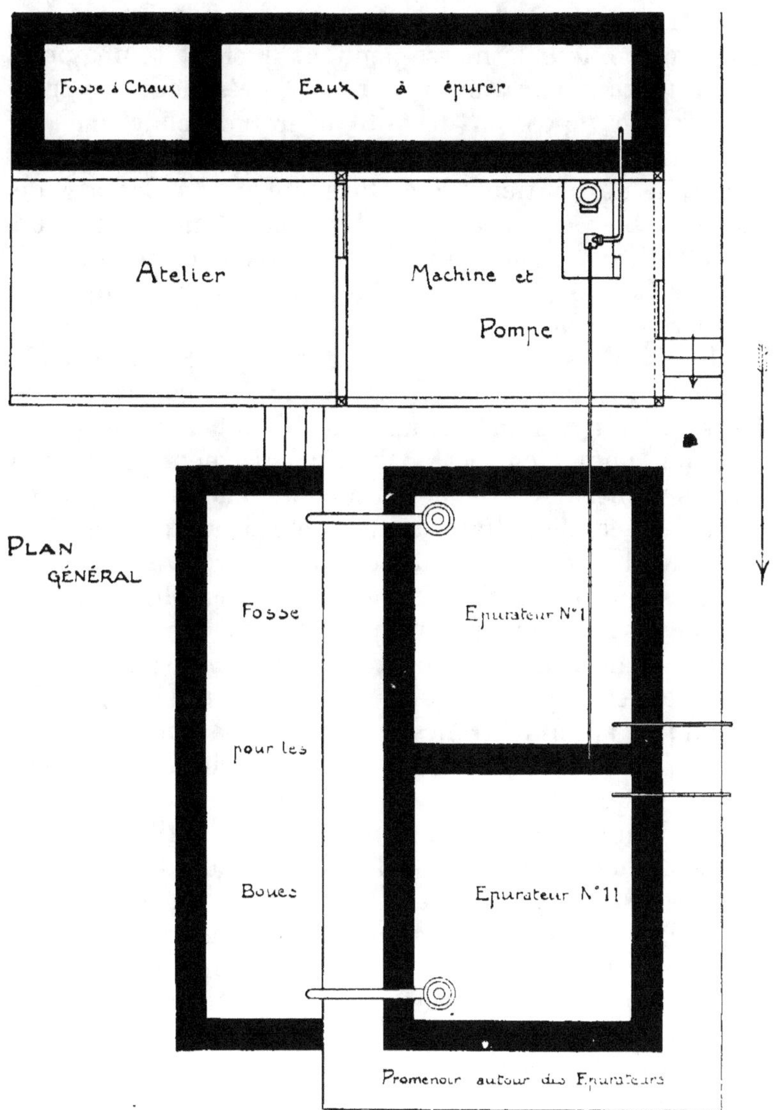

on pompe le mélange et on l'envoie dans des citernes

5 *

dans lesquelles on ajoute aux jus une petite quantité
de sulfate de protoxyde de fer préalablement dissous
dans l'eau. Il se fait un précipité immédiat qu'on favo-
rise en remuant la masse pendant quelque temps pour
l'aérer. La séparation se fait et, après deux ou trois
heures de repos, on décante le liquide clair par des
tuyaux de caoutchouc flexibles. Ce liquide est lim-
pide; il ne contient que du sucre et du lactate de
chaux; on peut l'écouler sans inconvénient dans un
cours d'eau quelconque. Puis on soulève ensuite une
grosse bonde de décharge logée à la partie inférieure
déclive du bac de repos.

Les dépôts sont recueillis dans une fosse spéciale
et extraits de temps à autre pour être séchés à l'air
libre ou sur des aires chauffées. Nous pensons que ces
dépôts pourraient être avantageusement employés
comme engrais : ils ne contiennent aucune substance
nuisible, car le sulfate de fer a été décomposé en sulfate de chaux et oxyde de fer qui se peroxyde. Au contraire, on trouverait dans cet engrais quelque peu de
matière azotée et des phosphates.

Les frais d'installation d'une telle épuration s'élèvent environ, y compris la pompe à moteur à pétrole,
à cinq ou six mille francs au plus; les bassins de décan-
tation étant supposés construits en briques et ciment
hydraulique.

Dans une fromagerie, nous avons vu utiliser le wei
et les eaux de lavage en irrigations sur des prairies.
L'idée est pratique, mais l'engrais est de peu d'effi-
cacité. Au point de vue *engrais,* le sucre de lait ne
vaut à peu près rien, et, à côté de ce sucre, les autres
matières ne sont que fort diluées. En tout cas, il nous
paraît à conseiller de n'employer ces eaux qu'après
neutralisation par la chaux.

Il existe encore dans les fromageries de camembert
quelques déchets dont l'utilisation se trouve sans peine.
Au moment du desséchage des camemberts, on pare

la surface en rognant au couteau les bavures et les parties irrégulières. Ces débris de caillé sont donnés aux porcs, qui s'en montrent très friands.

Analyse des camemberts. — Elle doit être exécutée de temps en temps à la fromagerie, afin de s'assurer que l'équilibre normal entre les différents éléments constituants est bien régulier.

1° La matière grasse se dose très facilement en attaquant un poids déterminé de fromage, 10 grammes par exemple, par de l'acide chlorhydrique pur; la matière grasse se sépare, on la mesure en volume ou on la dissout dans l'éther ou l'éther de pétrole pour la recueillir en totalité;

2° L'eau s'obtient en desséchant un poids connu de fromage mélangé dans un mortier à un poids connu de sable, de plâtre ou de verre pilé *secs*. On pèse un poids connu du mélange qui se sèche facilement à l'étuve à 102-105°;

3° Les matières minérales par calcination ménagée;

4° Le sel par une analyse directe de ces matières;

5° Enfin, on peut doser les matières solubles dans l'eau;

6° Par différence, les matières insolubles.

Voici, comme exemple, une analyse d'un camembert normal; nous la prenons dans le livre de M. Lindet (1); elle est due à MM. Lindet, Ammann et Brugière.

Eau	53.8
Matière grasse.	22
Matières azotées totales	17.1
Ammoniaque	0.23
Matières / insolubles	1.2
minérales \ solubles	3.2
Rapport matière grasse sur matières azotées	1.3
Azote soluble pour 100 de l'azote total .	86.1
Ammoniaque pour 100 de l'azote soluble.	14.2

(1) *Loc. cit.*

La matière grasse entre donc pour à peu près moitié dans l'ensemble de la pâte supposée sèche; dans l'analyse ci-dessus, 47.6 pour 100.

On comprend que, d'après cette composition et sa structure physique qui est celle d'une émulsion, le camembert ait le goût frais et le bouquet délicat du beurre en même temps que de remarquables qualités alimentaires de par la grande proportion de matières azotées aisément assimilables. Ces précieuses qualités diverses seront d'autant plus marquées, d'autant plus régulières, que l'on se sera approché davantage de la fabrication idéale parfaite que nous venons d'exposer.

TABLE DES MATIÈRES

La Chapelle-Montligeon (Orne). — Imp. de Montligeon (3-08).